LES PROCESSUS PSYCHOLOGIQUES DE LA DÉCOUVERTE SCIENTIFIQUE

Psycho - logiques

Collection fondée par Philippe Brenot
et dirigée par Alain Brun

Sans exclusives ni frontières, les logiques président au fonctionnement psychique comme à la vie relationnelle. Toutes les pratiques, toutes les écoles ont leur place dans Psycho - logiques.

Déjà parus

Jean-Pierre LEGROS, *Stratium, Une théorie de la personne*, 2014.
Aurélie CAPOBIANCO (dir.), *Peut-on parler au téléphone ? Stratégies cliniques pour entendre au bout du fil*, 2014.
Christel DEMEY, *Stimuler le cerveau de l'enfant*, 2013.
Audrey GAILLARD et Isabel URDAPILLETA, *Représentations mentales et catégorisation*, 2013.
Jean-Luc ALLIER, *La Fragilité en pratique clinique*, 2013.
Stéphane VEDEL, *Nos désirs font désordre, Lire L'Anti-Œdipe*, 2013.
Sliman BOUFERDA, *Le symptôme en tous sens*, 2012.
René SOULAYROL, *La spiritualité de l'enfant. Entre l'illusion, le magique et le religieux* (nouvelle édition), 2012.
Bernard GANGLOFF et Daniel PASQUIER, *Décrire et évaluer la personnalité : mythes et réalité*, 2011.
Mady FERNAGUT, Yolande GOVINDAMA et Christiane ROSENBLAT, *Itinéraires des victimes d'agressions sexuelles*, 2011.
Louise TASSE, *Les oripeaux des ados*, 2011.
Anick LASALMONIE, *Du procès social à l'eugénisme moral*, 2010.
Jean-Max FEREY, *Parents à louer pour enfants fous. Récits des « Familles-Thérapeutiques »*, 2010.
Patrick PIPET, *Sauter une classe, Entre mythe social et faille narcissique*, 2010.
Jean CASSANAS, *Les descriptions du processus thérapeutique*, 2010.
Michel LEMONNIER, *Le Psychologue du travail. Un agent du changement dans la société*, 2010.

Anna Curir

LES PROCESSUS PSYCHOLOGIQUES DE LA DÉCOUVERTE SCIENTIFIQUE

L'HARMONIEUSE COMPLEXITÉ DU MONDE

Préface de Felice Perussia

Traduction de Jean-Pierre Ané-Prince

L'Harmattan

5-7, rue de l'École-Polytechnique, 75005 Paris

http://www.harmattan.fr
diffusion.harmattan@wanadoo.fr
harmattan1@wanadoo.fr

ISBN : 978-2-343-04527-6
EAN : 9782343045276

À mes enfants,
Federico et Giulia

« Notre esprit est infirme comme le sont nos sens ;
il se perdrait dans la complexité du monde
si cette complexité n'était harmonieuse. »

Henri Poincaré, *L'avenir des Mathématiques*

Préface de Felice Perussia : « De la substantielle nature d'une (astro) physique psychologique »

Il existe de nombreuses façons diverses de développer la question du rapport entre l'esprit et la nature ; étant donné que le monde intérieur s'est imposé comme un thème central de la psychologie, alors que le monde extérieur s'est imposé comme un thème central de la physique. Et Anna Curir nous en offre, à travers ses contributions stimulantes, une ample et brillante démonstration.

Je voudrais donc saisir l'occasion, en soulignant l'intérêt que présente le présent livre, pour rappeler certains aspects, peut être moins évidents aux yeux du plus grand nombre, de combien et comment la définition psychologique de l'esprit et la définition scientifique de l'univers peuvent être réciproquement liées par des fils subtils. J'évoquerai donc ici, comme modeste garniture du travail d'Anna Curir, certains épisodes marquants, historiques et intellectuels, qui sont bien connus de l'auteure (et aussi des spécialistes de l'histoire de la science et de la psychologie, ou du moins nous l'espérons), mais qui peut-être ne sont pas choses évidentes pour tous ses lecteurs. Et il s'agit là de circonstances qui pourront aider à comprendre ce jeu dialectique, entre les modes d'imaginer intellectuellement, qui sert de fil conducteur au texte.

Le cœur de toute l'histoire, qui nous aide à faire émerger la continuité notable entre microcosme psychologique et microcosme physique (ou vice versa), tient dans le fait que Anna Curir est une astronome, ou plutôt une astrophysicienne, mais elle est en même temps une psychologue. Nous nous trouvons donc à écouter, dans le même temps, une scientifique étudiant l'univers objectif extérieur et une observatrice de l'univers subjectif intérieur.

Quelqu'un se demandera peut-être : mais quel lien peut-il bien y avoir entre l'astronomie et la psychologie ? Et, qui sait, quelqu'un d'autre s'imaginera, peut-être même avec ironie ou un peu de scepticisme, qu'il n'y en a pas du tout. Mais il nous revient de démentir tous ces gens mal avisés (mais peu nombreux). La réponse correcte à la question posée plus haut est en fait que (et sans qu'il faille le faire exprès) : entre l'astronomie et la psychologie les liens sont indubitablement étroits et fondateurs. Et ici, comme je le disais, j'en rappellerai brièvement quelques-uns des principaux, histoire d'en tenir compte.

Alors, pour commencer, et surtout : il est généralement soutenu avec autorité par d'éminents spécialistes de l'histoire de la psychologie, que la naissance elle-même de la dimension expérimentale objective dans le cadre de la Nouvelle Psychologie Scientifique de la fin du 19e, c'est-à-dire de la dimension subjective dans la science (et au moins en partie, de la relative philosophie qui s'ensuit), remonte à l'interaction entre certains astronomes (voir : Sanford, 1888-1889 ; Boring, 1929 ; Mollon et Perkins, 1996).

Un des pères d'une telle révolution intellectuelle est celui qui la déclencha à son insu. Il s'agit d'un assistant de vingt-quatre ans, David Kinnebrook [1772-1802], qui fit démarrer tout le processus (dans le rôle du bouc émissaire), lorsqu'on lui fit remarquer, à l'observatoire de Greenwich où il travaillait, le fait qu'il reportait des temps de passage des étoiles dans l'oculaire de son télescope Bird, qui étaient tous décalés d'environ 800 millisecondes par rapport aux temps reportés, eux, par le premier astronome royal dudit observatoire, j'ai nommé le très honorable Nevil Maskelyne [1732-1811]. On appliqua alors à notre pionnier une règle typique du fair-play britannique, à savoir : si quelqu'un s'est trompé, ça ne peut pas être le chef. Et donc, en 1796, Kinnebrook fut jeté dehors de Greenwich pour excès de subjectivité dans les mesures, par rapport à l'objectivité assurée du directeur ; subjectivité, phénomène inadmissible dans le domaine scientifique.

À ce moment-là (peu après, en fait), intervient un second astronome, le Prussien Friedrich Wilhelm Bessel [1784-1846], qui, à Königsberg, se met à mesurer, aux alentours de années

1820, la différence systématique existant entre ses propres relevés astronomiques et ceux d'autres collègues. En faisant ainsi, Bessel, autocritique et autoconscient, put constater, et démontrer, que chaque astronome (chaque scientifique) tend à introduire, dans ses évaluations objectives, une variation subjective systématique par rapport aux autres. Ainsi naquit, grâce à la lucidité de Bessel et au sacrifice de Kinnebrook, le concept fondamental de l'équation personnelle (que James appellera *psychologist's fallacy*).

On peut l'énoncer ainsi : toutes les observations et toutes les mesures étant produites par un seul observateur dérivent, au moins en partie, d'une distorsion systématique par rapport à la réalité, qui est idiosyncratique pour cet auteur-observateur spécifique, et qui change d'un auteur-observateur à l'autre. Une telle constatation, comme je l'indiquais plus haut et comme il me plaît toujours à souligner, est pleinement fondatrice, tant pour la psychologie que pour la science, dans la modernité, et aussi pour la science comme psychologie et pour la psychologie comme science ; La loi de l'équation personnelle permet en fait de démontrer scientifiquement qu'il existe toujours une distorsion subjective pour l'objectivité de la science observante. Ce qui représente donc toujours une donnée centrale tant pour le mouvement psychologique que pour le mouvement scientifique.

Un autre respectable auteur qui nous offre un lumineux témoignage de la continuité entre psychologie et (astro) physique est lui aussi britannique : Sir William Crookes [1832-1919]. Crookes, comme chacun sait, fut un grand spécialiste des rayons cathodiques (et l'inventeur du *tube de Crookes*), mais aussi de la radioactivité et de la spectroscopie. De cette dernière, Sir William nous a fourni une version plutôt inhabituelle mais très psychologique, ou pour le moins psychique. En particulier, lorsqu'il publia, en 1874, un texte relatif aux dialogues qu'il avait entretenus, grâce à l'assistance fournie par Florence Cook, avec l'esprit désincarné de son fils Philip, récemment disparu.

C'est un fait emblématique, que, durant les années 1870, beaucoup de ses collègues de la Royal Society essayèrent de se coaliser pour le chasser de cette noble institution scientifique, dont Crookes était membre depuis 1863, du fait qu'ils considéraient outrageant pour la dignité de leur science, ses travaux psychodynamiques avec les trépassés. Ils ne réussirent pas toutefois dans cette entreprise, vu que notre ami Crookes reçut même, et en 1875, la Royal Gold Medal pour mérites scientifiques. Et du reste, on ne sait pas clairement si de telles recherches ont contribué ou non à faire attribuer à Crookes le prix Nobel de Physique en 1901. Mais il est certain que ces mêmes collègues furent plutôt orgueilleux de nommer quelque temps plus tard ce même Crookes, toujours lui, président de cette même (peut être outragée dans un premier temps) Royal Society, de 1913 à 1915 ; et toujours pour ses mérites scientifiques renommés, naturellement.

Le rapport entre le physicien Crookes (qui étudia également la spectrographie pour chercher à mieux connaître la physique des étoiles) et la psychologie comme science de l'esprit est évident, mais complexe. Alors que le lien étroit entre psychologie et recherche psychique pour déterminer le succès de la psychologie comme science, dans la toute fin du 19e, est trop vaste et embrouillé pour pouvoir être correctement ici, ce pourquoi je me limite à le rappeler.

Il est un fait que c'est bien en raison de ses études (sur le spiritualisme psychique) que le physicien Crookes parvint à gagner l'estime de William James [1842-1910], indiscutable père noble de la psychologie scientifique américaine, avec lequel il partagea entre autres une participation active et convaincue à la *Society for Psychical Research*. Laquelle n'est autre que le plus important institut scientifique international dédié à l'étude des pouvoirs extra sensoriels (pouvoirs qui se situeraient aux confins de la physique, de la physiologie et de la psychologie). De grands noms de la science psychologique originelle se sont fait, entre autres, les champions très actifs de cet institut : de Charles Richet à William Butler Yeats, de Carl

Gustav Jung à Henri Bergson, et jusqu'à Sigmund Freud, auteur entre autres d'une célèbre *Interprétation des rêves* [*Traumdeutung*]. Le lien de continuité entre les deux scientifiques est très bien mis en lumière par le fait que James a dirigé la *Society for Psychical Research* de 1894 à 1895, et en a remis la présidence dans les mains de Crookes lui-même, qui la dirigea de 1896 à 1899 pour passer ensuite directement à recevoir le Nobel.

En dépit de toutes ces évidences, il y aura peut-être encore quelqu'un qui continuera opiniâtrement à croire (bien que se basant sur un préjugé toujours plus vacillant, à la lumière des faits ici rappelés) que la psychologie se présente comme étant distante de l'astronomie physique, et vice-versa. Le monde hyperuranien et le monde intérieur pourraient paraître à ses yeux ingénus, encore incommensurables. Et pourtant c'est justement dans l'astrophysique que le rapport entre psychologie et sciences naturelles trouve son lien le plus radical et le plus solide. Mais pour cela il nous faut revenir à l'origine, la propre, la vraie, c'est-à-dire au grand et noble père absolu de l'astrophysique elle-même. Et nous parlons naturellement de lui : de Sir Isaac Newton [1642-1727]. Et avec ce témoignage nous pouvons considérer la question comme close.

Comme en fait on le rappelle depuis longtemps (et je m'excuse pour cette nouvelle référence personnelle à : Perussia, 2002, 2011) c'est le grand Newton qui a fondé, au même titre, aussi bien l'astrophysique que la psychodynamique ; ou pour le moins l'acception plus moderne des deux sciences. En fait, d'un certain point de vue, autant la physique naturaliste que la psychologie dynamique lui doivent vraiment beaucoup.

Une des démonstrations les plus importantes, dans celles qui font la gloire de Newton, a consisté à rendre évidente l'inconsistance de l'astrophysique de Galileo Galilei [1564-1642], lequel, comme on le sait, se targuait d'avoir consacré la totalité de son texte le plus important, dont le titre original est

Dialogo delle maree (1632), à démontrer scientifiquement la thèse selon laquelle les dites marées ne sont en rien produites par l'attraction à distance de la lune (une idée que Galilée, et tout le mouvement scientifique avec lui, considérait déplorablement magique et superstitieuse) mais bien par le mouvement mécanique de la terre qui déplace les mers « comme l'eau dans une bassine ».

Newton construit, lui, notre science physique sur la loi de la gravitation universelle, basée justement sur le principe magique, que Newton décrit comme algébrique (*Principia mathematica,* justement, 1687), de l'*action à distance.* En vertu de cette mystérieuse influence, les planètes, comme tous les corps en mouvement ou animés ou animaux (et dotés d'une masse, donc d'un corps) s'attirent et se repoussent, sans qu'il y ait entre eux une quelque transmission matérielle d'énergie, mais seulement sur la base de leurs fascinations réciproques, composées de forces aimantes qui rapprochent et de forces agressives qui éloignent. Plus particulièrement, selon la démonstration de Newton (qui est justement à la base de toute la physique moderne) : les marées sont bien produites, en fait, par l'action à distance (sans contact) de la masse lunaire sur la masse des eaux marines.

Le *Principia* de Newton, c'est bien connu, est un livre de magie planétaire en langue mathématique, dans lequel aucune action ou relation physique matérielle directe entre les corps stellaires n'est prévue, mais uniquement des instances sympathiques ou antipathiques ou télépathiques, attractives ou répulsives. À cause de cela, il a toujours été reproché, entre autres choses, à Newton, par ses successeurs (physiciens, astrophysiciens et professeurs), d'être un magicien, titre duquel Newton lui-même était notoirement très fier (White, 1999). Alors que (il est utile de le rappeler) c'est justement sur la base des principes newtoniens, de l'action à distance, que les humains, même contemporains, ont obtenu de grands résultats physiques concrets, sur la façon de prévoir les éclipses et les mouvements des comètes ou finalement pour aller sur la lune (des marées) tant discutée avec un vaisseau spatial (et puis en revenir).

En se basant sur cette science newtonienne de la fascination-gravitation, le naturaliste précurseur des lumières Richard Mead [1673-1754], grand ami et en outre médecin personnel de Newton, et membre de la Royal Society, s'employa à développer les lois newtoniennes de l'amour universel, en les appliquant cette fois au cas de nous autres êtres humains. Il publia donc son *De imperio solis ac lunae in corpora humana* (1704), dans le quel il décrit la gravitation entre les corps des personnes (et des fluides, mêmes psychiques, à l'intérieur de nos corps) en la faisant coïncider avec une forme sublunaire de séduction planétaire, que son illustre patient et ami avait décrit sous forme mathématique pour la macrophysique. D'après Mead il s'exerce donc entre les personnes des attractions analogues à celles qui interviennent dans l'interaction dialectique entre les étoiles et les planètes.

À son tour, Franz Anton Mesmer [1734-1815] écrivit et publia sa thèse de doctorat en médecine (1766), présentée à l'Université de Vienne, en réalisant un plagiat presque à la lettre du texte de Mead, tout en ne le citant jamais (Prattie, 1956). Successivement, Mesmer transforme le désormais classique concept newtonien de *gravitation* universelle rapportée au monde animal sublunaire, en un concept bien plus scientifique et dynamique, le *magnétisme* animal. *Magnétisme* : en tant qu'élément physique fluide, matériel construit et concret que Mesmer, homme des lumières, considère plus objectif que l'intervention divine providentielle, sur laquelle Mead (et Newton avec lui) se basaient encore. *Animal* : car il s'agit d'une qualité propre aux corps animés, ou plutôt d'un fluide qui anime les corps eux-mêmes.

Dans le même temps, l'obstétricien bolognais Luigi Galvani [1737-1798) mène des études sur la capacité du fluide magnétique à réanimer un corps mort (par exemple : une grenouille). Dans son texte le plus fameux (1791) il choisit donc d'appeler ce fluide « vis electrica », mais dans d'autres écrits il le définit plus volontiers comme magnétisme. On doit ici noter que, aux yeux de Galvani comme à ceux de ses contemporains (et de beaucoup d'entre nous), ce fluide magnétique (ou électricité) capable de donner vie et mouvement, donc âme, aux choses (et donc aux êtres) est un dynamisme présent spontanément dans la nature. Et en fait on le retrouve, en tant que fait objectif, également dans le système nerveux.

Dans le modèle de Mead-Mesmer, la maladie (magnétique) est un blocage de la force-énergie [dynamis] psychique, qui ne trouve pas le moyen de s'écouler correctement dans le corps de la personne. L'intervention thérapeutique de Mesmer est donc pleinement psycho-dynamique, dans sa tentative d'utiliser une activation énergétique auxiliaire pour aider le statut physiologique de la personne à retrouver son équilibre originel, en surmontant la tempête des marées magnétiques qu'elle avait dû inopinément subir, en termes de physique électrique d'une force nerveuse.

Et là je m'arrête, en soulignant (comme conclusion provisoire) que le magnétisme psychique animal, avec la fin du 19e siècle et l'affirmation du positivisme industriel, s'est transformé définitivement en électricité. La révolution de la science naturaliste a finalement triomphé. Nous ne sommes plus en présence d'un obscur fluide magnétique, mais bien d'un véritable fluide électrique. C'est grâce au magnétisme électrique que le professeur Frankenstein donne vie à la Chose, en 1818 ; tandis que, avec le vingtième siècle, le système nerveux, et aussi le chemin de fer, s'électrifie, comme la psyché avec son énergie de la libido et sa base sexuelle, selon la définition de Moll (1898).

Dans la psychologie des psycho-physiocrates on peut désormais mesurer, de la même façon que les attractions entre les planètes de Newton, les décharges des fluides cérébraux avec exactitude ; et on peut aller jusqu'à les photographier, non plus comme ces daguerréotypes aussi faux que ridicules du dix-neuvième à base d'ectoplasmes laiteux (comme, encore une fois, on le voyait avec James et ses nombreux collègues), mais bien dans un froid et authentique fluidogramme ou spectrogramme encéphalique, basé sur l'enregistrement des décharges électriques dans le cerveau. Ainsi la psychologie dynamique s'affirme toujours plus comme une métaphore objectiviste. Ou du moins comme certains le croient, scientifiquement parlant (et nous ne voulons ni les décevoir, ni les conforter).

Ainsi donc, si nous voulons vraiment tenir compte de la grande histoire de la science, mais plus encore de la réalité scientifique contemporaine en astrophysique et en psychologie, nous pouvons bien nous rendre compte, ne serait-ce que sur la base de ces quelques brèves notes (bien documentées, toutefois), que les deux disciplines ont vraiment beaucoup de choses en commun. Du reste, et je parle aussi au nom de ceux qui sont (aussi) psychologues comme moi, ayant toujours le doute de nous considérer, soit de l'espèce des scientifiques (le côté expérimentaliste mesmérien), soit de l'espèce des magiciens (le côté psychotechnique newtonien), je pense avec émotion à Sir Isaac et à tous les autres (para) mentalistes comme nous, grâce auxquels je me sens conforté moi aussi, en l'espèce par la présence d'une si bonne compagnie.

Et pour finir, en ayant dit tout cela, je ne veux pas dire que le beau travail d'Anna Curir soit de stricte observance newtonienne, ni galiléenne, ni meadienne, ni besselienne, ni mesmérienne, ni crookesienne, ni jamesienne, ni mollienne. Et cependant, ce livre a certainement quelque chose à voir avec tous ces personnages (et quelques autres) et avec ces traditions controversées. C'est pourquoi je voudrais réaffirmer toutes les louanges que mérite l'opportunité que l'auteure nous offre ici sur un plateau d'argent, de faire un pas en avant sur une si merveilleuse route vers la connaissance.

Felice Perussia,
Turin, septembre 2012

Références bibliographiques

BORING, E.G. (1929). *A history of experimental psychology*, New York : Appleton Century Crofts.

CROOKES, W. (1874). *Researches in the phenomena of spiritualism.* London : Burns.

GALILEI, G. (1632). *Dialogo sopra i due massimi sistemi del mondo.* Firenze : Landini

GALVANI, L. (1791). *De viribus electricitatis in motu musculari commentarius.* Bologna : Typografia Instituti Scientiarium.

MEAD, R. (1704). *De imperio solis ac lunae in corpora humana : Et morbis indae oriundis.* London : Brindley.

MESMER, F.A. (1766). *De planetarum influxu in corpus humanum.* Wien.

MOLL, A. (1898). *Untersuchungen über die Libido sexualis.* Berlin : Kornfeld.

MOLLON, J.D., PERKINS, A.J. (1996). Errors of judgement at Greenwich in 1796. *Nature*, 380, 101-102.

NEWTON, I. (1687). *Philosophiae naturalis principia mathematica.* London : Streater.

PATTIE, F.A. (1956). Mesmer's medical dissertation and its debt to Mead's De Impero Solis ac Lunae. *Journal of the History of Medecine and Allied Sciences*, 11, 275-287.

PERUSSIA, F. (2002). *Theatrum psychotechnicum : L'espressione poetica della personna.* Torino : Bollati Boringhieri.

PERUSSIA, F. (2011). *Memoria sulla scoperta della psicotecnica.* Milano : Unicopli.

SANFORD, E.C. (1888-1889) Personal equation. *American Journal of Psychology, 2(2), 3-38, 271-298, 403-430.*

WHITE, M. (1999). *Isaac Newton : The last sorcerer.* New York : Basic Books.

Introduction

Beaucoup de gens pensent que la pensée des scientifiques n'est faite que de logique rigoureuse et de calcul mathématique. On croit souvent, aussi, que la connaissance scientifique se développe par l'ajout de nouveaux résultats aux connaissances déjà existantes.

Le but de ce livre est de mettre en évidence combien les émotions font partie intégrante des processus mentaux qui mènent aux découvertes scientifiques et à de nouveaux modèles pour expliquer le monde. En reprenant la théorie de Thomas Kuhn, qui décrit l'évolution de la science comme un processus qui se déroule par des révolutions et non d'une façon cumulative, on met en évidence, avec l'appui du psychologue Wilfred Bion, les aspects émotifs liés aux révolutions scientifiques.

Le livre présente l'analyse que Bion fait du problème de la connaissance, sa rigueur, quasi mathématique, pour interpréter les origines possibles des idées, pour classifier d'une manière presque géométrique les transformations qui surviennent dans nos pensées. La connaissance naît dans la douleur, comme un enfant. Fuir cette douleur génère des pensées fausses, des mensonges. Et on peut dire que cela est vrai, non seulement, et notamment, dans la recherche scientifique, mais aussi dans toutes les sphères de l'existence humaine et sociale.

La plus grande part du travail d'un scientifique produit de la *science normale* à l'intérieur d'un paradigme bien précis. Kuhn définit, d'une manière incisive, la science normale comme le fait de *résoudre des casse-tête.* Un chercheur peut éprouver de profondes implications émotionnelles en cherchant à résoudre de petits casse-tête, même s'il ne s'aventure pas en dehors du paradigme où il s'est formé

Le livre propose aussi des liens jusqu'ici inexplorés entre la philosophie de Kuhn, la mathématique de Henri Poincaré, la physique théorique de Wolfgang Pauli et les récentes théories cognitives de la conscience, pour finir par la découverte d'un autre psychanalyste, peut être moins célèbre que Bion, mais qui possède la même rigueur mathématique : Ignacio Matte Blanco.

Nous chercherons, dans ce livre, de faire la lumière sur tous ces liens, au nom de cette transversalité des cultures qui est la marque de notre siècle, celui de la postmodernité.

Enfin, dans le dernier chapitre, nous passerons à la recherche de comment on produit des idées scientifiques ainsi qu'à celle sur la « personnalité » de ceux qui s'occupent des sciences, avec un bref panoramique sur les études qui ont été faites sur cette question spécifique en utilisant le point de vue statistique et fournirons à la fin des résultats originaux obtenus par un recherche par analyse factorielle sur la personnalité d'un échantillon spécifique de scientifiques.

Je tiens à remercier Felice Perussia et Giogio Blandino qui m'ont conduit à méditer et à approfondir la relation entre la psychologie et la science.

De nombreux amis et collègues m'ont aidée et encouragée dans mes études récentes de psychologie et dans la récolte des données présentées dans le dernier chapitre . Parmi tous ceux-ci, je remercie particulièrement John Miller et Giuseppe Massone.

Merci à Jean-Pierre Ané-Prince pour sa traduction et son aide dans la recherche des sources bibliographiques et à mon frère Paolo avec lequel j'ai souvent le plaisir de discuter de biologie, d'éthique de la science et de psychanalyse.

Je remercie Margherita Hack et Fernando de Felice pour l'intérêt montré à cet ouvrage. Je souhaite remercier Angelo Guerraggio, Michele Emmer, Roberta Giangrande, Piergiorgio Odifreddi e Piero Galeotti pour la lecture critique du manuscrit italien.

Je souhaite enfin remercier l'éditrice Kim Williams pour avoir rendu possible la diffusion de ce travail dans sa version italienne.

I : La pensée scientifique : Poincaré, Bion et Kuhn

Résumé : Kuhn et Bion ont proposé tous les deux une analyse de la façon dont se créent les idées chez les individus et dans les groupes, et comment ces idées peuvent s'imposer ou bien être refusées, étant semées dans les esprits, ceux de la communauté scientifique en particulier, et ensuite germer avec succès ou sombrer dans l'oubli. Les intuitions par lesquelles les deux auteurs analysent ces processus peuvent être reliées : les hypothèses de Bion peuvent être utilisées pour expliciter les schémas interprétatifs de Kuhn. Je mettrai en évidence comment l'origine des révolutions scientifiques, étudiée par Kuhn peut être mise en lumière au travers de la théorie de la pensée, de la connaissance, du confinement et des groupes de Bion. Et pour ce faire j'utiliserai aussi la contribution fondamentale apportée par Poincaré à l'analyse de l'invention scientifique.

Henri Poincaré et l'invention mathématique

Henri Poincaré (1854 -1912) est né à Nancy. Élève de l'École Polytechnique de Paris et de l'École Nationale supérieure des Mines, il obtint son doctorat de l'Université de Paris avec une thèse sur les équations différentielles. Ses travaux préfigurent la théorie des systèmes dynamiques et ses études de physique mathématique le placent en compagnie d'Einstein et de Hendrik Lorentz parmi les fondateurs de la théorie de la Relativité restreinte.

Poincaré s'intéressa beaucoup au mode de fonctionnement de son propre esprit. En 1908 il donna plusieurs leçons sur ses propres observations à l'Institut de Psychologie Générale de Paris.

Je me réfère en particulier à la leçon dont le titre est : L'invention mathématique, dont j'extrais ces quelques passages fondamentaux :

- Qu'est ce en effet que l'invention mathématique ?

Elle ne consiste pas à faire de nouvelles combinaisons avec des êtres mathématiques déjà connus.
Cela, n'importe qui pourrait le faire, mais les combinaisons que l'on pourrait faire ainsi seraient en nombre fini, et le plus grand nombre est absolument dépourvu d'intérêt. Inventer, cela consiste précisément à ne pas construire les combinaisons inutiles et à construire celles qui sont utiles et qui ne sont qu'une infime minorité. Inventer, c'est discerner, c'est choisir.
- Les faits mathématiques dignes d'être étudiés, ce sont ceux qui par leur analogie avec d'autres faits, sont susceptibles de nous conduire à la connaissance d'une loi mathématique de la même façon que les faits expérimentaux nous conduisent à la connaissance d'une loi physique.
- Inventer, c'est choisir ; mais le mot n'est peut être pas tout à fait juste, il fait penser à un acheteur à qui on présente un grand nombre d'échantillons et qui les examine l'un après l'autre de façon à faire son choix. Ce n'est pas ainsi que les choses se passent. Les combinaisons stériles ne se présenteront même pas à l'esprit de l'inventeur. Dans le champ de sa conscience n'apparaîtront jamais que les combinaisons réellement utiles et quelques autres qu'il rejettera, mais qui participent un peu des caractères des combinaisons utiles.
- Le moi inconscient, ou, comme on dit, le moi subliminal, joue un grand rôle dans l'invention mathématique.[…] Il n'est nullement inférieur au moi conscient ; il n'est pas purement automatique, il est capable de discernement, il a du tact de la délicatesse ; il sait choisir, il sait deviner. […] il sait mieux deviner que le moi conscient, puisqu'il réussit là ou celui-ci avait échoué.
- En un mot, le moi subliminal n'est il pas supérieur au moi conscient ?

- Dans cette manière de voir, toutes les combinaisons se formeraient par suite de l'automatisme du moi subliminal, mais seules celles qui seraient intéressantes pénétreraient dans le champ de la conscience. Et cela est encore très mystérieux. Quelle est la cause qui fait que parmi les mille produits de notre activité inconsciente, il y en qui sont appelés à franchir le seuil tandis que d'autres restent en deçà ? Est-ce un simple hasard qui leur donne ce privilège ? Évidemment non ; parmi toutes les excitations de nos sens, les plus intenses, seules retiendront notre attention [...] Plus généralement, les phénomènes inconscients privilégiés, ceux qui sont susceptibles de devenir conscients, ce sont ceux qui, directement ou indirectement, affectent le plus profondément notre sensibilité.
- On peut s'étonner de voir invoquer la sensibilité à propos de démonstrations mathématiques qui, semble-t-il, ne peuvent intéresser que l'intelligence.
Ce serait oublier le sentiment de la beauté mathématique, de l'harmonie des nombres et des formes, de l'élégance géométrique.[...]
- Les combinaisons utiles, ce sont précisément les plus belles, je veux dire celles qui sont le plus à même de charmer cette sensibilité spéciale que tous les mathématiciens connaissent, mais que les profanes ignorent, au point qu'ils sont souvent tentés d'en sourire.
- Les règles des calculs mathématiques sont strictes et compliquées ; elles exigent la discipline, l'attention, la volonté et par la suite la conscience. Dans le moi subliminal, règne, au contraire, ce que j'appellerais la liberté, si l'on pouvait donner ce nom à la simple absence de discipline et au désordre né du hasard.

> Seulement ce désordre nous permet des accouplements inattendus.[1]

HENRI POINCARÉ DANS SON CABINET DE TRAVAIL.

Henri Poincaré.
Reproduction avec la permission de l'Institut Henri Poincaré. Paris.

Les intuitions exprimées ici par Poincaré sont dignes d'un psychologue cognitiviste moderne qui veut expliquer la composante cognitive inconsciente présente dans l'esprit humain. Les réflexions de Poincaré sont un jalon important, au-delà des mathématiques et de la physique, dans l'analyse des processus de la découverte scientifique.

Chez Poincaré, on trouve donc déjà la reconnaissance de l'aspect émotif de l'intellect qui est étudié aujourd'hui, comme le dit Giorgio Blandino :

> Le processus cognitif, quel qu'il soit, n'est pas un fait purement technique, même le raisonnement mathématique est relié à un ordre émotionnel. Le contact émotionnel est le garant du signifiant. Perdre le

[1] Cf. H. Poincaré (1908), XIX, p. 521.

> contact émotionnel signifierait priver l'expérience de son sens, de la possibilité de produire une pensée authentique, de comprendre.[2]

Et Théodule Ribot, pionnier de la psychologie expérimentale[3], soutient que :

> Une idée n'est rien d'autre qu'une idée, un simple fait de connaissance, elle ne produit rien, elle ne peut rien ; elle n'agit que si elle est « ressentie », s'il y a un état affectif pour l'accompagner, si elle réveille les tendances, les éléments moteurs.[4]

Enfin je citerai Wolfgang Pauli, que l'on retrouvera souvent dans ce livre avec ses extraordinaires intuitions :

> Il m'apparaît que le sentiment soit aussi profond que la pensée et donc de mon point de vue « amo ergo sum » est autrement plus justifié que le « cogito ergo sum » de Avicenne et Descartes.[5]

La figure de Wilfred R. Bion

Wilfred Ruprecht Bion (1897-1979) est né à Muttra en Inde. Il est le fils de fonctionnaires anglais. À l'âge de huit ans il est envoyé en Angleterre pour étudier.

Quand arrive la Première Guerre mondiale, il devance l'appel et s'engage malgré son jeune âge.

En 1921, il est diplômé d'Histoire moderne et commence à enseigner l'Histoire et le Français. Un peu plus tard, s'ouvre un nouveau chapitre de son existence, lorsqu'il commence à s'intéresser à la psychanalyse et reprend ses études.

En 1930 il obtient les diplômes de Médecine et de Chirurgie et commence à exercer en milieu psychiatrique.

---

[2] Cf G. Blandino (1996). p. 156.

[3] Théodule Ribot (1839-1916) est considéré en France comme le fondateur de la psychologie moderne scientifique, il inaugura la chaire de psychologie expérimentale à la Sorbonne et au Collège de France. Ses contributions les plus importantes se réfèrent au concept de mémoire émotive.

[4] Cf T. Ribot (1986), p 20.

[5] Cf Von Meyenn (2009), p. 20.

Sa formation à la psychanalyse est plutôt complexe et difficile. C'est peut être là l'origine de ce comportement de pionnier qui le caractérisera dans tous ses travaux.

En effet, s'il débute son analyse personnelle avec John Rickman en 1938, il doit l'interrompre au bout d'une année seulement, les deux hommes étant mobilisés. Ils se retrouvent tous deux, comme collègues, à organiser et gérer le service psychiatrique de l'hôpital militaire de Northfield, où ils expérimentent une pratique thérapeutique basée sur le travail de groupe. Expérience qui influencera ses travaux dans les années qui suivirent.

Wilfred R. Bion

En 1945 il entre en analyse avec Mélanie Klein, avec qui il partagera certains concepts fondamentaux (notamment l'identification projective) qu'il développera d'une manière originale. Par la suite il deviendra membre de la Société Psychanalytique Britannique dont il sera le président pendant plusieurs années. En 1968 il part pour Los Angeles où il séjournera onze ans. Il retourne en Angleterre en 1979, où il s'éteint, la même année, à Oxford.

Les travaux de Bion apportent une contribution fondamentale à la compréhension de l'activité mentale, que ce soit dans la pratique analytique individuelle ou celle de groupe.

Bion a approfondi le niveau de l'analyse freudienne et en a élargi le champ d'application. Il s'est concentré, en fait, sur les fonctionnements mentaux primitifs, présents dans chaque être humain, en s'y référant également dans la pratique analytique individuelle. Bion propose que, dans ce type de pratique, on descende en profondeur pour rechercher l'origine de la pensée et l'expérience qui a précédé l'apparition de l'activité de « penser ».

Sa théorie est révolutionnaire. Elle inverse l'idée que la pensée est le « produit » du fait de penser. Selon lui, les pensées, en ce qui concerne la « vérité », la « chose en soi », préexistent avant le penseur et sont indépendantes de lui. Les pensées sont importantes pour celui qui pense, et non pour la vérité. De là la nécessité pour chaque individu de développer l'esprit en tant qu' « outil à penser les pensées ». D'après Bion, tous les processus cognitifs se développent, dans une première phase, sous la forme d'élaborations inconscientes. Il a, en outre, mis en évidence que l'ensemble du développement mental de l'individu vient de l'inconscient, non pas par le biais des dynamiques internes, comme le dit la théorie freudienne, mais bien par des processus cognitifs engendrés par le contact avec la réalité. Chaque individu se développe donc par l'apprentissage, et les diversités individuelles peuvent être le résultat de diversités dans l'apprentissage ; mais, non pas parce que l'expérience externe ait été différente, mais bien parce que c'est le niveau de vérité à qui se réfère la formulation de l'expérience qui est différent. Ce genre de formulation venant à la surface lors de la séance psychanalytique.

L'œuvre de Bion a constitué pour beaucoup un puissant stimulus pour « penser de manière créative » ; il a eu le mérite de privilégier dans ses travaux une exigence universelle de la « connaissance » à celle purement thérapeutique.

La pensée de Thomas Kuhn

Thomas Kuhn

L'hypothèse introduite par Karl Popper (1902-1994) au sujet du problème de la connaissance scientifique et du contrôle de la validité de la formulation de nouvelles théories, à travers la possibilité d'une falsification des théories elles-mêmes[6], a attiré l'attention des philosophes sur le processus de croissance d'un savoir à travers la dynamique de la formulation et de la critique des théories elles-mêmes. On en est donc arrivé à la conclusion que pour comprendre le développement de la connaissance scientifique il ne suffit pas d'examiner la structure interne d'une théorie mais, il faut aussi examiner comment elle s'est affirmée ou pourquoi elle a été abandonnée au cours de l'histoire : de là la nécessité de relier ensemble l'épistémologie et l'histoire de la science. Cette hypothèse a été principalement l'objet de l'ouvrage du philosophe américain Thomas Kuhn (1922-1996), intitulé *The Structure of scientific Revolutions* (1962). Professeur d'histoire de la science à l'Université de Princeton, Kuhn s'est rendu compte que le développement de la science ne procède pas par accumulation, selon une croissance continue, mais au travers de révolutions. Ces révolutions ne sont en fait que des

[6] Pour l'hypothèse de Popper : Cf *Logica della scoperta scientifica* (1998).

moments exceptionnels au regard de ce qu'il appelle science normale, qui n'est qu'une pratique de la recherche fondée, d'une manière stable, sur des résultats obtenus par la science du passé, auxquels une communauté scientifique, pendant une période donnée, reconnaît la capacité de constituer le fondement de son activité.

La science normale est caractérisée par le consensus sur la validité des résultats qui assument un rôle de paradigme, à savoir, des modèles qui déterminent quels sont les problèmes non résolus et les méthodes pour les résoudre ; par exemple on peut citer en physique l'astronomie ptolémaïque ou celle copernicienne, ou alors la mécanique newtonienne. Il est nécessaire que les paradigmes possèdent deux caractéristiques fondamentales : ils doivent être suffisamment nouveaux pour attirer un grand nombre de partisans et doivent permettre de résoudre de nouveaux problèmes. La science normale qui se construit sur cette base ne cherche par à produire de la nouveauté, mais cherche à résoudre des énigmes ou à compléter des puzzles, selon les procédures reconnues. Elle approfondit la connaissance des faits considérés « révélateurs » en les confrontant avec la théorie, et se propose d'articuler ultérieurement le paradigme au moyen d'expériences. Selon Kuhn, les scientifiques n'effectuent pas habituellement de contrôles poussés des théories. Toutefois ces contrôles peuvent subvenir quand surviennent des faits nouveaux insoupçonnés qui se présentent comme des anomalies du point de vue du paradigme : par exemple, la découverte de l'oxygène, qui a mis en doute la théorie du phlogistique, mystérieux principe d'inflammabilité élaboré au 17e siècle par les chimistes Johann Becher et Georg Stahl.

Kuhn ne croit pas qu'une théorie puisse être invalidée et ensuite abandonnée par la confrontation directe avec les faits ou les observations. En réalité les grands changements dans les paradigmes ne peuvent survenir que lors de l'arrivée de nouvelles théories, de fait une théorie qui a atteint le statut de paradigme ne sera considérée comme erronée que s'il existe une alternative disponible. Un exemple de cette alternance est donné par l'abandon du système ptolémaïque avec l'arrivée du système copernicien. Ce n'est que dans de tels moments que survient une crise, ou plutôt une révolution : le remplacement d'un paradigme par un nouveau. En cela, Kuhn refuse l'idée de l'histoire de la science comme processus continu d'intégration et d'amélioration des résultats précédents ; il considère incompatibles la théorie de la relativité d'Einstein et le système de Newton, *en tant que paradigmes qui disent des choses différentes sur les objets qui peuplent l'univers et sur le comportement de tels objets*[7]. Ce qui signifie que le changement de paradigme implique une transformation de la totalité de la structure conceptuelle avec laquelle les scientifiques voient la réalité.

Temps et causalité

J'ai débuté les considérations sur les processus de réflexion liés à la découverte scientifique en partant de la leçon de Poincaré sur « L'invention mathématique » pour dégager le terrain de la causalité ; en fait les lois de la physique présupposent des principes de causalité, alors que celles des mathématiques où n'existent pas les variables spéciales comme le temps, ne sont pas considérées causales.

J'ai pensé que commencer le discours en partant de l'invention des théories a-causales pourrait simplifier notre intuition, mais nous verrons qu'en réalité les théories physiques et mathématiques sont semblables, du point de vue des inventions, de la découverte et du langage. Lagrange soutient que la mécanique analytique n'est rien d'autre qu'une branche de l'analyse mathématique[8]. Pour Galilée, ce sont les mathématiques qui constituent le langage avec lequel est écrit le grand livre de la nature[9].

---

7 Ce point de vue de Kuhn sur les théories einsteinienne et newtonienne est très extrême, car, comme nous le verrons plus avant, les deux paradigmes sont en réalité liés par une relation contenant/contenu.

8 Cf. J.L. Lagrange (1989), p. VI.

9 « La philosophie est écrite dans ce grandissime livre qui reste

Les pythagoriciens cherchaient à mathématiser la nature : le temps n'était pas une valeur privilégiée. La nature était une chose immobile et éternelle. Il suffisait d'en extraire la structure secrète, que les hommes entrevoyaient, devinaient comme les esclaves de la caverne de Platon. Pour passer de l'intuition, des ombres, aux lois claires, il fallait les lois des mathématiques. Au fronton de l'académie de Platon il était écrit : Αγεωμέτρητος μηδεὶς εἰσίτω : Nul n'entre ici qui ne sache la géométrie.

Pour les pythagoriciens tout est nombre, rapport numérique et musical. La nature est musique.

Ainsi, Kepler (1571-1630) eut l'intuition de sa troisième loi en se basant sur les rapports dans la musique. Et pour sa théorie cosmologique il se réfère au Cosmos des pythagoriciens, un Cosmos éternel toujours identique à lui-même.

Il propose d'expliquer la suite des rayons des orbites des planètes du système solaire en utilisant des solides réguliers emboîtés les uns dans les autres. Il insère un octaèdre entre les orbites de Mercure et Vénus, un icosaèdre entre Vénus et la Terre, un dodécaèdre entre la Terre et Mars, un tétraèdre entre Mars et Jupiter, un cube entre Jupiter et Saturne. Cette tentative ne pouvait fonctionner, car elle présupposait des orbites circulaires. Kepler, lui-même, découvrit plus tard que les orbites des planètes sont elliptiques.

---

continuellement ouvert devant nos yeux (je parle de l'univers),mais qu'on ne peut comprendre qu'après avoir appris à comprendre la langue et reconnaître les caractères dans lesquels il est écrit. Il est écrit dans la langue des mathématiques et ses caractères sont les triangles, les cercles et les autres figures mathématiques, sans lesquelles il est impossible aux humains d'en entendre les paroles ; sans lesquelles nous errerions en vain dans un labyrinthe obscur » (Galilée, *Il Saggiatore,* Ch. VI).

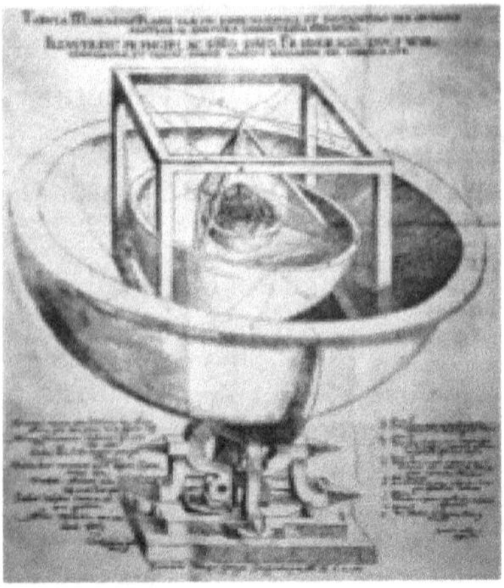

Johannes Kepler (571-1630) propose d'expliquer la séquence des rayons des orbites des planètes du système solaire en utilisant des solides réguliers emboîtés les uns dans les autres. Illustration tirée du Mysterium Cosmographicum (Tübingen, 1596)

Depuis Galilée, la physique classique est restée guidée par un principe de perfection qui établissait l'équivalence réversible entre cause et effet (les récentes théories des processus dissipatifs et de l'instabilité structurelle, rendent cet idéal illégitime, ainsi que nous le verrons).

Le principe de la raison suffisante de Leibniz garantit l'indépendance de l'objet par rapport à l'observateur : l'indépendance de l'objet par rapport au sujet. La physique classique (jusqu'aux lois de la mécanique quantique et de la cosmologie moderne) a perpétué l'idéal d'un mouvement immuablement répétitif et réversible qui, pour les philosophes grecs, conférait au monde céleste un caractère divin.

Dès lors que la physique moderne, à travers la révolution initiée par Einstein, s'est complètement affranchie de l'influence de l'expérimentation galiléenne, il est reconnu que la libre créativité de l'intellect crée de la même manière les théories des mathématiques et de la physique. On peut donc parler sur un mode général de création (ou d'invention) scientifique.

La causalité est liée à la spécificité de la variable temporelle qui a un « sens ». Mais ce sens n'est pas lié à la structure mathématique sous-jacente des théories. Nous verrons qu'il est lié à la thermodynamique des processus irréversibles, et donc à l'arrivée en force de l'asymétrie dans la physique moderne, survenue avec les études de Ludwig Boltzmann.

Les structures qui sont soumises à la gravitation universelle, à la mécanique classique, à l'optique et à toutes les branches de la physique classique sont rigoureusement symétriques, c'est-à-dire temporairement réversibles. La causalité, l'avant et l'après, sont aussi liés à la perception narrative de notre vécu[10], qui se superpose à ces structures mathématiques externes immuables. Ce sont ces structures qui sont l'objet de l'invention, dont le processus est si bien expliqué par Poincaré (nous verrons plus avant que, d'après certains auteurs, la perception du temps est plutôt liée à la physique expérimentale, tandis que l'a-temporalité est plutôt du ressort de la physique théorique).

Selon Mario Bunge la causalité relie des événements et non des propriétés, des états ou des objets. Le monde n'est pas rigoureusement causal : les événements interconnectés ne sont pas tous liés causalement.

> La relation causale n'est pas réflexive, ni symétrique, elle est transitive[11].

On peut dire que la science est restée « pythagoricienne » jusqu'à l'invention de la thermodynamique.

---

[10] Louis de Broglie affirme : « La recherche de la causation est une tendance instinctive de l'esprit humain » (L. de Broglie, *Réflexions sur la causalité,* Annales de la Fondation Louis de Broglie, 1977, pp. 69-71, cité dans Bunge (1979). Henry Price affirme : « Dans un certain sens l'asymétrie causale n'est pas dans le monde, mais est plutôt un produit de notre prospective asymétrique du monde. Nous sommes nous-mêmes asymétriques par rapport au temps. Nous nous souvenons du passé et agissons pour le futur, pour mentionner seulement deux des aspects les plus évidents de cette asymétrie » (cf. H. Price (1992), p.513, traduction de l'auteur).

[11] Cf. M. Bunge (1979), p. 244, traduction de l'auteur.

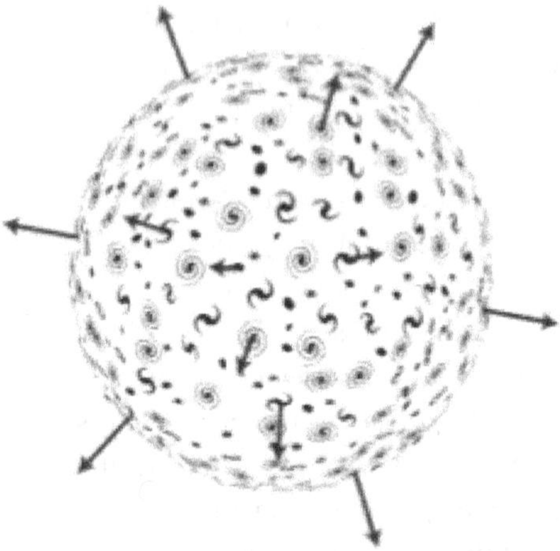

L'expansion de l'Univers produit, par réciprocité, un éloignement des galaxies. Cet éloignement fût observé par V. Slipher en 1913 et la loi qui régit cette fuite des galaxies fût formulée par E. Hubble en 1929.

Avec la découverte de la fuite des galaxies par Hubble et avec la mise en évidence de la radiation de fond de l'Univers, le temps a fait une brutale irruption dans la Cosmologie. Une distinction entre l'avant et l'après de l'Univers s'est imposée. Comme une déviation vis-à-vis de l'idéal, une imperfection. La négation de cette imperfection aurait fait que la première solution cosmologique relativiste, imaginée par Einstein lui-même et dérivée de ses équations sur la Relativité Générale, ne représenterait qu'un univers statique, éternellement égal à lui-même. Et, plus tard, les théoriciens de l'univers stationnaire essaieront longtemps d'expliquer les observations de Hubble sur la fuite des galaxies sans utiliser une cosmologie évolutive. Mais nous verrons sous peu comment la coordonnée temporelle est utilisée dans la physique et dans la philosophie de la physique contemporaine.

Albert Einstein (1879-1955) & Edwin Hubble (1889-1953). Reproduction avec autorisation de la Huntington Library

La création scientifique

Revenons à la création scientifique. Le formalisme des mathématiques nous permet donc de tirer de notre inconscient (selon Poincaré) et de la nature (d'après les Pythagoriciens) les formes pures et les lois explicites qui nous font comprendre la réalité et qui satisfont notre sensibilité esthétique[12]. Et j'ajouterai : qu'elles nous font nous comprendre nous même. L'invention mathématique est aussi une introspection. L'idée de Poincaré est qu'elle extrait des objets de l'inconscient et nous confronte avec nos sensations esthético-émotives. Et puisque nous avons vu que la distinction entre inventions mathématiques et inventions des lois physiques est une chose superflue, nous pouvons dire que la nature et ses lois entrent en résonance avec notre inconscient, notre monde intérieur.

---

[12] « Le plaisir esthétique est essentiellement un et identique, qu'il soit produit par une œuvre d'art ou provoqué directement par la contemplation de la nature et de la vie » (cf. A. Schopenhauer (1859)), *Die Welt als Wille und Vorstellung*, Brockaus, Leipzig.

Et là aussi, Wolfgang Pauli nous vient en aide, avec ses considérations tirées de *Psyche e Natura*

> [...] Aujourd'hui la science de la nature nous a amené vers une approche plus satisfaisante du problème esprit-matière, en introduisant le concept de complémentarité. Il faudrait même, en fait, pouvoir concevoir la matière et l'esprit comme deux aspects complémentaires d'une seule et même réalité [...] L'interaction incontrôlable, qui se produit dans toute observation, entre l'observateur et le système qu'il observe est incompatible avec la conception déterministe sur laquelle se base la physique classique[13].

Wolfgang Pauli. Reproduction avec l'autorisation de la Science Photo Library

[13] Cf. W. Pauli (2006), p. 118, traduction de l'auteur.

Et encore :

> Le processus de compréhension de la nature et le plaisir que l'homme ressent lorsqu'il la comprend, donc dans la réalisation consciente d'une nouvelle connaissance, semble être basé sur une correspondance entre les images internes préexistantes dans la psyché humaine avec les objets externes et leur comportement[14].

Cette interprétation de la connaissance scientifique se réfère évidemment à Platon. Elle a été faite également par Kepler.

René Thom dit encore :

> [...] la recherche scientifique peut être considérée comme une espèce de « dévoilement » de structures qui existent déjà à l'intérieur de nous-mêmes : une sorte de psychanalyse[15].

Le Père Giovanni Boccardi.
Reproduction avec l'autorisation de l'Observatoire Astronomique de Turin.

---

[14] Cf. W. Pauli (1994), p. 221, traduction de l'auteur.
[15] Cf. R. Thom (1980), p. 120.

Le Père Giovanni Boccardi (1859-1936), astronome qui fût directeur de l'observatoire de Turin de 1903 à 1923, est un exemple de scientifique du début du siècle dernier, ne s'étant pas encore affranchi des antinomies pensée/nature et mathématique/physique. Il dit, en substance, dans son article intitulé « La psychologie de l'astronome » :

[…] dans le passé, les mathématiciens puisaient leur inspiration dans le monde extérieur : Fourier disait que « l'étude de la nature est la source plus féconde des découvertes en Mathématiques », mais pourrait-on dire la même chose aujourd'hui des travaux modernes de géométrie supérieure ou de géométrie transcendante ? […] Dans l'antiquité les mathématiciens étaient appelés astronomes. Aujourd'hui c'est comme une barrière qui s'est créée entre ces deux classes de savants[16].

Boccardi paraît donc regretter un excès d'abstraction et de formalisme dans les mathématiques modernes, qui auraient perdu le lien avec la nature.

En réalité, quand Boccardi écrit son article, la révolution einsteinienne s'est déjà produite. Celle-ci permet à la physique de choisir, avec une grande liberté, parmi les instruments fournis par les mathématiciens, le formalisme le plus adapté à la création de ses théories.

En affirmant que, *les théories physiques sont des créations libres faites par l'esprit humain*, Einstein affranchit la créativité de la physique du déterminisme qui relie nature et lois mathématiques, auquel Boccardi était par contre encore très attaché.

Pensons à la théorie de la Relativité générale : l'intuition einsteinienne, d'après laquelle la gravité peut courber l'espace-temps trouve sa formulation rigoureuse dans l'utilisation des variétés géométriques introduites par Riemann, presque un siècle avant ; elle utilise aussi un type de calcul tensoriel développé par les mathématiciens italiens Gregorio Ricci-

16 Cf. G. Boccardi (1926), p. 494, traduction de l'auteur.

Curbastro et Tullio Levi-Civita d'une manière totalement abstraite et indépendante d'une quelconque implication dans la réalité physique. Cette mathématique, extrêmement sophistiquée et très loin de la vision intuitive de l'espace n'aurait certainement pas plu à Boccardi, et pourtant elle est devenue, quelques décennies après sa formulation, un instrument très puissant pour décrire les phénomènes physiques.

Galaxie Sombrero M104. NASA, ESA and the Hubble Heritage Team (SC Scl/ Aura). Hubble Space Telescope ACS SC Scl-PRC03-28.

Au fond, la révolution einsteinienne, qui libère la formulation des théories physiques de la dépendance à l'expérimentation galiléenne (qui reste toutefois « cruciale » comme banc d'essai, en cas d'une « falsification » possible) n'a pas fait autre chose que d'amener à la prise de conscience épistémologique de ce qui existait déjà dans la description de la réalité physique, depuis les pythagoriciens. Je prends un exemple en astronomie : le bulbe (en anglais *bulge*) des galaxies, est un sphéroïde formé d'étoiles qu'on observe dans le cœur des galaxies spirales et qui dans le cas des galaxies elliptiques coïncide avec la galaxie elle-même : les galaxies elliptiques sont des sphéroïdes stellaires purs.

Galaxie elliptique NCG 1132 : sa forme est un sphéroïde parfait, NASA, ESA and the Hubble Heritage (STScl/AURA)-ESA/Hubble Collaboration Acknowledgement : M. West (ESO, Chile).

Les sphéroïdes sont des formes géométriques déjà reconnues, mises en équations et étudiées dans leurs diverses variétés, asymétriques et tri-axiales par les mathématiciens du 19e siècle (Maclaurin, Dedekind et Jacobi)[17]. Voilà donc un des nombreux cas où les astronomes reconnaissent dans les figures d'équilibre de la nature, les formes que l'esprit humain avait déjà imaginé il y a des siècles.

---

[17] Pour une étude approfondie des ellipsoïdes comme figure d'équilibre, cf. S. Chandrasekhar, *Ellipsoïdal Figures of Equilibrium* (1969), New York, Dover.

Cela s'était déjà produit pour les courbes coniques calculées par les mathématiciens grecs et que Kepler reconnût comme décrivant les orbites des planètes, ou pour les variétés géométriques de Riemann que nous avons déjà citées. L'esprit mathématise la nature avant même de pouvoir l'observer. *Le cerveau humain a en lui la précognition de l'expérience.*

Donc Einstein se rapproche de ce que dit Poincaré sur l'invention mathématique. Les éléments de la Relativité générale sont des éléments mathématiques. Le temps n'est qu'une des quatre coordonnées de l'Univers.

Jusqu'au vingtième siècle, l'espace-temps et la matière étaient encore totalement séparés. On se représentait l'espace comme une énorme boite vide, la matière comme des objets dans la boite et le temps comme un tic tac cosmique. Aujourd'hui nous savons que espace, temps et matière ne sont qu'une seule et même chose. Les variétés spatio-temporelles utilisées par Einstein sont celles de Bernhard Riemann, ces méduses molles et courbes à quatre dimensions, qui décrivent l'espace, le temps et la matière (qui rend courbes l'espace et le temps, comme le ferait un objet plongé dans de la gélatine) : l'espace rigide décrit par Newton et Galilée n'existe plus. Riemann avait inventé ses variétés continues comme variétés multidimensionnelles, sans qu'une des dimensions soit forcément le temps. Dans la Relativité générale, le temps est pour l'homme une sorte d'illumination mobile de cette énorme fresque représentée par l'Univers. Einstein nous a enseigné que le temps n'est plus cette chose irréversible et inexorable de la physique du XIXe siècle : le temps n'est qu'une illusion. Comme le dit Thibaut Damour :

> Einstein nous a expliqué ce que Marcel Proust avait poétiquement compris : le temps est une illusion. Derrière la conception du temps de Proust, il y a l'idée de l'éternité de l'essence de l'homme. Et la possibilité d'accéder vraiment à des moments passés à travers

> l'expérience du parfum d'une madeleine ne dit rien d'autre que cela[18].

Mais sur le plan conceptuel la théorie spatio-temporelle einsteinienne nous permet aussi de voyager dans le futur… et cela signifie que le futur existe déjà ! Donc futur et passé coexistent avec le présent.

Voilà comment Einstein considère le temps, le « maintenant » des hommes :

> L'expérience du maintenant (now) signifie quelque chose pour l'homme, quelque chose d'essentiellement différent du passé et du futur, mais cette importante différence n'a pas sa place dans la physique[19].

Et selon Georg Cantor :

> Le temps ne peut être conçu ni comme une substance objective, ni comme une forme a priori subjective, mais il n'est seulement qu'un paramètre auxiliaire pour décrire les mouvements du monde matériel[20]

Hermann Weyl soutient que :

> Le monde objectif ne survient pas, il est tout simplement[21].

Nous avons dit qu'avec la révolution einsteinienne, nous revenions à un monde dans lequel les objets de l'invention mathématique et physique sont les mêmes, ces derniers ne sont plus pensés comme étant déduits de faits expérimentaux, et sont donc eux aussi extraits de notre monde inconscient selon les mécanismes décrits par Poincaré. Cependant, je ne veux pas passer sous silence le problème de la démarcation, que Popper a décrit avec précision dans sa « logique de la découverte scientifique ».

---

18 Cf. T. Damour (2010) *Télérama* N°3155 p. 12.
19 Cf. H. Primas (2009), p.187, traduction de l'auteur.
20 Cf. H. Primas (2009), p.191, traduction de l'auteur.
21 Cf. H. Weyl (1949), p. 116, traduction de l'auteur.

Karl Popper

Ce problème consiste à trouver un critère permettant de distinguer entre les sciences empiriques et les mathématiques et la logique. Popper isola la vraie démarcation permettant de dire qu'une théorie est erronée : un système empirique doit pouvoir être réfuté par l'expérience.

Ce principe poppérien est désormais profondément intégré dans notre vision de la science, et associer l'anomalie kuhnienne à la réfutation poppérienne est désormais banal. Mais je ne veux pas parler ici de cela, la démarcation, mais du processus créatif des théories, qui est en amont du problème de la démarcation et qui est commun à toutes les sciences. Et sur ce point Popper est sur la même longueur d'onde que Poincaré ; et il déclare :

> En ce qui concerne le rôle de la logique de la connaissance, distincte de la psychologie de la connaissance, je procéderai en me basant sur l'idée que celui-ci consiste uniquement dans le fait de rechercher les méthodes employées lors des contrôles systématiques auxquels doit être soumise toute nouvelle

idée. […] ma façon de voir les choses est qu'il n'existe aucune méthode logique pour avoir de nouvelles idées et aucune reconstruction logique de ce processus […] chaque découverte scientifique contient un élément irrationnel ou une intuition créative dans le sens de Bergson[22].

À propos du problème du temps et de la causalité, Hans Primas nous fournit une intéressante distinction entre physique expérimentale et physique théorique[23].

Selon Primas, la science expérimentale dans son ensemble, est basée sur l'idée que les actions de l'expérimentateur sont intentionnelles. La physique expérimentale réclame la distinction entre passé et futur, le concept de maintenant et la liberté de l'expérimentateur.

Et donc, il propose deux classes de descriptions physiques conceptuellement différentes :

– *Tensed descriptions* : caractérisées par une position privilégiée dans le temps appelée « maintenant ». le temps tensed ordonne passé et futur ;

– *Tenseless descriptions :* caractérisées par un temps homogène, qui sont invariantes par translations temporelles.

Les structures *tenseless* naissent dans le domaine de la physique théorique. Dans la physique fondamentale le cours du temps n'existe pas. Parler de « maintenant » n'y a aucun sens. Par conséquent, les principes premiers de la physique ne parviennent pas à distinguer cause et effet.

La qualité distinctive de la conscience, c'est le « maintenant » (c'est-à-dire le moment de l'expérimentation) et elle nous permet de choisir les conditions initiales de l'expérience.

Primas propose donc de diviser le monde, non plus en *res cogitans* et *res extensa* cartésiennes, mais plutôt en descriptions *tensed* et *tenseless.* Cette séparation correspond à la séparation

---

22 Cf. K. Popper (1998), pp. 10-11.

23 Cf. H. Primas (2009), p. 175, traduction de l'auteur.

newtonienne entre les conditions initiales (intentionnelles) et les lois universelles de la physique.

D'après Primas il existe une complémentarité entre les deux descriptions.

En fait il postule une conception holistique de l'esprit et de la matière, qu'il appelle *unus mundus* ; il postule aussi une *synchronisation* des aspects *tensed* non matériels et *tenseless* matériels. Le domaine du *tensed* regroupe les phénomènes mentaux non matériels (où trouvent leur origine les concepts de *maintenant* et de la *flèche du temps*), tandis que le domaine *tenseless* est celui des phénomènes matériels non mentaux (ceux que décrivent les lois de la physique, qui sont homogènes par rapport au temps).

Le temps, selon Primas, est une propriété émergente qui trouve son origine dans la division de la réalité holistique des domaines *tensed* et *tenseless.*

II : Inconscient, émotions et révolutions

Résumé. Poincaré parle de la sensibilité et des sentiments mis en jeu dans le processus de l'invention scientifique. Pauli parle du bonheur de la connaissance. Nous verrons comment ces sentiments, ces émotions sont profondément présents dans le travail scientifique, jusqu'à produire de véritables résistances dans une communauté de chercheurs lorsque surviennent ce qu'on nomme les révolutions scientifiques[1].

La science normale

D'après Kuhn, le succès d'un paradigme est, au départ, une promesse de succès que l'on peut prédire à partir de quelques exemples encore incomplets (nous pouvons reconnaître dans ces exemples incomplets quelques-unes des combinaisons stériles ou fallacieuses affleurant de l'inconscient, comme le dit Poincaré, et qui ont quelques caractéristiques communes avec les combinaisons utiles). La science normale consiste dans la réalisation de cette promesse de succès : une réalisation obtenue en étendant la connaissance des faits que le paradigme indique comme étant révélateurs et en articulant ultérieurement la théorie.

Les solutions de ces trois classes de problèmes – la détermination des faits marquants, la confrontation des faits avec la théorie et l'articulation de la théorie – constituent la littérature de la science normale.

La science normale, cette activité de résoudre les casse-tête, a la tâche d'étendre d'une manière stable la portée et la précision de la connaissance scientifique. Mais il manque dans ce tableau un produit typique de l'entreprise scientifique : en fait la science normale n'a pas pour objectif la recherche de la nouveauté, l'invention.

---

[1] Certaines parties de ce chapitre ont été publiées dans l'article *Bion e Kuhn : interprétazione della rivoluzione scientifica come rottura del contenitore,* « Giornale storico di psicologia e letteratura », vol. 1, octobre 2005.

En disant cela, nous ne voudrions pas médire ou dévaluer la science normale, qui constitue une grande part de l'activité scientifique humaine. Cherchons à considérer l'astronomie selon le paradigme newtonien, qui est encore valable et utilisable à l'intérieur du système solaire : résoudre un exemple typique de casse tête dans ce contexte signifie trouver la formule qui décrit l'orbite d'un satellite artificiel autour de la terre. Et donc tous les progrès en astronomie apportés par les observations aérospatiales dérivent de la science normale, des casse-tête résolus.

Et pourtant on attend de la recherche scientifique qu'elle mette aussi en lumière des phénomènes nouveaux et inattendus, et que des théories radicalement nouvelles soient imaginées par les scientifiques.

Kuhn cite une expérience en psychologie dans laquelle Jérôme S. Bruner et Leo Postman demandèrent à un groupe de personnes de reconnaître une série de cartes à jouer qui leur étaient montrées brièvement et d'une manière contrôlée. La plupart étaient des cartes normales, mais certaines présentaient une anomalie, par exemple un six de pique rouge.

Chaque série d'expériences consistait à montrer les cartes à un sujet, une par une et dans des temps augmentant graduellement.

Certains sujets identifiaient la plus grande partie des cartes même quand la durée d'exposition était très courte et après une petite augmentation de la durée d'exposition tous les sujets reconnaissaient toutes les cartes. Cependant les cartes anormales étaient presque toujours identifiées sans hésitation comme étant normales.

Ces cartes étaient donc mises d'office dans la catégorie conceptuelle préparée par l'expérience précédente. *On ne pouvait même pas dire que les sujets avaient vu autre chose que ce qu'ils identifiaient.*

En augmentant les temps d'exposition, les sujets commençaient à hésiter et à prendre conscience de l'anomalie.

En augmentant la période d'exposition, l'hésitation et la confusion étaient encore plus importantes jusqu'à ce que finalement, parfois un peu à l'improviste, la plus grande partie des sujets identifiaient aussi, correctement, des cartes anormales. Mais, certains sujets ne furent jamais en mesure d'effectuer la réadaptation nécessaire de leurs catégories.

Cette expérience en psychologie fournit un excellent exemple de comment se passe le processus de la découverte scientifique.

Dans la science aussi, la nouveauté n'émerge qu'avec des difficultés qui se manifestent par des résistances, en contradiction avec les attentes sous-jacentes. Au début, on ne perçoit que ce à quoi on s'attend, une observation successive, pourtant, peut permettre de se rendre compte que quelque chose ne va pas. Cette prise de conscience ouvre une période pendant laquelle les catégories conceptuelles sont réadaptées, jusqu'à ce que ce qui, initialement apparaissait anormal soit devenu quelque chose que l'on attend.

De Kuhn à Bion

L'expérience de Bruner et Postman, en plus d'être une métaphore suggestive du processus de la découverte scientifique, renvoie à l'œuvre du psychologue Bion. En fait selon Bion, chaque individu peut apprendre d'une façon différente à partir de la même expérience. Par exemple, dans l'expérience de Bruner et Postman des personnes différentes apprennent, d'une manière différente, de l'expérience de la vision du six de pique rouge.

En outre, à côté de l'apprentissage, de la compréhension, Bion souligne qu'il y a une « non compréhension », qui n'est pas simplement un manque d'apprentissage, mais une modalité en négatif, avec laquelle s'est construite notre expérience : il l'appelle *misunderstanding*, que nous traduirons par méconnaissance ou processus anti-cognitif.

Un exemple simple de ce processus anti-cognitif est, effectivement, le refus inconscient de reconnaître l'anomalie de certaines cartes de l'expérience de Bruner et Postman : le refus de reconnaître le six de pique rouge.

Comme nous l'avons dit au chapitre précédent, avec Bion naît une nouvelle conception de la pensée et des processus cognitifs comme fruits d'une élaboration inconsciente. Le processus psychothérapeutique, lui-même, n'est plus un processus de guérison, mais de connaissance.

La psychanalyse se concentre sur la façon qu'à l'homme de connaître, et donc aussi de pratiquer la science. Une science saine se fonde sur l'apprentissage à partir de l'expérience.

Pour qu'il y ait apprentissage à partir de l'expérience, Bion présuppose l'existence d'une fonction *alpha*[2] (une fonction primaire, dite fonction psychanalytique de la pensée) qui doit agir sur la perception de l'expérience émotive et sur les impressions sensorielles. Cette fonction produit deux types d'éléments : les *éléments alpha* qui naissent des impressions venues de l'expérience ou de souvenirs, et les *éléments bêta* qui sont des faits non élaborés, impossibles à apprendre.

La fonction alpha agit sur les impressions sensorielles et sur les expériences émotives, en les transformant en éléments alpha qui sont adaptés à la formation des pensées oniriques, des modèles inconscients et des pensées inconscientes durant l'état de veille. Les impressions sensorielles et les expériences émotives non transformées sont dénommées éléments bêta. Ces éléments ne permettent pas de penser, de rêver ou de se souvenir, mais doivent être évacués de l'esprit, alors que les éléments alpha contribuent à former le dispositif pour penser. Bion exemplifie ces concepts avec du matériel clinique[3] qui clarifie la signification de ces termes. Surtout, il souligne l'importance de la *barrière de contact* formée par la prolifération et l'agrégation des éléments alpha comme frontière créative entre conscient et inconscient.

La barrière de contact, en processus continu de formation, est comme une membrane semi-perméable qui procure la

[2] Cf. J. Sygmington & N. Sygmington (1998), p. 67.
[3] Cf. par exemple, W. Bion (1985), p. 61.

capacité de dormir ou d'être éveillé, d'être conscient ou inconscient, d'avoir la notion de passé ou de futur. Elle protège le contact avec la réalité, empêchant que celle-ci soit déformée par des émotions d'origine interne.

Sur l'*écran des éléments bêta,* par contre, se trouvent les états mentaux dans lesquels n'existe pas de différentiation entre conscient et inconscient, entre veille et sommeil. Il est formé d'éléments bêta qui n'ont pas la capacité de se relier entre eux.

La barrière de contact est la base de la relation normale avec la réalité, alors que l'écran bêta constitue la caractéristique du lien psychotique avec la réalité.

Bion fait référence[4] à l'*identification projective,* terme créé par Mélanie Klein[5], qui indique le procédé par lequel la psyché se décharge du développement excessif des stimuli en le projetant sur une autre personne, et qui est intimement lié à l'origine de la pensée. Il introduit la notion de *rêverie*, prise dans le sens de l'état d'esprit ouvert à la réception de n'importe quelle émotion, même destructive, de l'objet aimé et qui peut pourtant recevoir des identifications projectives, permettant ainsi à l'objet aimé de se rééquilibrer.

Il examine le problème de la pensée, en considérant que les pensées sont épistémologiquement antérieures au fait de penser.

Il reprend le terme de « fait choisi »[6], introduit par Poincaré (souvenez-vous, Poincaré dit que *inventer c'est choisir*), et le définit comme un fait qui donne une cohérence aux objets de l'expérience. Un fait choisi est à l'origine d'une idée qui donne une cohérence à ce qui est brouillon ou dispersé et introduit un ordre dans le désordre de la pensée. Le fait choisi donne un nom à une expérience émotive, à un sentiment de

---

[4] Cf. W. Bion (2009b), p. 62.

[5] Cf. M. Klein (1969), Individua *e gratitudine,* Martinelli, Florence et (1994) *Sull'identificazione* in *Nuove vie della Psicanalisi,* M. Klein, M. Heimann, R. Money-Kyrle (par), Il Saggiatore, Milan. (Trad. de l'auteur).

[6] Cf. W. Bion, (2009b), p. 120.

découverte, et se traduit dans la dénomination de l'élément utilisé pour le spécifier.

Poincaré dit en substance :

> Si un résultat nouveau a du prix, c'est quand en reliant des éléments connus depuis longtemps, mais jusque-là épars et paraissant étrangers les uns aux autres, il introduit subitement l'ordre ou régnait l'apparence du désordre. Il nous permet alors de voir d'un coup d'œil chacun de ces éléments et la place qu'il occupe à l'intérieur de l'ensemble. Ce fait nouveau non seulement est précieux par lui-même, mais lui seul donne leur valeur à tous les faits anciens qu'il relie. Notre esprit est infirme comme le sont nos sens ; il se perdrait dans la complexité du monde si cette complexité n'était harmonieuse.[…]Les seuls faits dignes de notre attention sont ceux qui introduisent de l'ordre dans cette complexité et la rendent ainsi accessible[7].

Pour comprendre la théorie bionienne de la pensée, nous devons partir du concept de *préconception*. D'après Bion, la préconception du sein existe déjà en nous à la naissance. Quand la mère répond au besoin du nourrisson et lui donne à manger, alors survient la possibilité d'arriver à une conception, que l'on atteint quand l'expérience réelle se conjugue avec la préconception.

Dans la période de temps qui s'écoule entre le besoin et l'apparition du sein, l'insatisfaction du besoin génère frustration et douleur mentale. La capacité à tolérer cette douleur est le fondement de l'équilibre émotif et de la santé mentale ; la capacité de penser est liée à la capacité de tolérer la frustration ; la pensée naît de l'absence de la satisfaction désirée[8]. La fonction maternelle est essentiellement une fonction de croissance ; elle aide l'enfant à faire un examen de la réalité, à entrer en contact avec la frustration et à la

---

[7] Cf. H. Poincaré (1908), Ch. II, p. 15.

[8] Cf. W. Bion (2009b), p. 67.

supporter : c'est une fonction de médiation entre le besoin de l'enfant et la frustration de la réalité.

Bion met ainsi en lumière l'interaction entre ce qui est inné et ce qui vient de l'expérience, entre imagination et réalité, entre frustration et satisfaction.

Il dit, plus précisément : S'il y a une « non chose », cette « non chose » est une pensée et en vertu du fait qu'il y a une « non chose » on reconnaît que celle-ci doit être pensée[9].

Ainsi que nous l'avons anticipé, la théorie de Bion sur la pensée présuppose non seulement l'existence des pensées mais aussi d'un *appareil à penser*. Lors des étapes les plus précoces du développement les pensées ne sont rien d'autre que des impressions sensorielles et des expériences émotives très primitives (la préconnaissance du sein, justement).

Dans ses œuvres postérieures, Bion définira la vérité absolue comme étant une pensée sans penseur[10]. La pensée non pensée – en d'autres termes, un contenu sans contenant, une idée sans forme, des indices n'ayant pas été traités – peut coexister avec le penseur sans être en contact direct avec lui.

Il y a deux mécanismes principaux qui participent à la formation de l'appareil à penser : le premier est représenté par la relation dynamique entre une projection (le *contenu)* et un objet qui la contient (le *contenant)*. Le second est représenté par la relation dynamique entre les positions *schizoïde-paranoïde* et *dépressive*[11].

---

[9] Cf. W. Bion (2009b), p. 66.

[10] Cf. W. Bion (1985), p. 61.

[11] Mélanie Klein décrit la position *schizoïde-paranoïde* comme étant la situation du nourrisson qui, soumis à l'impact de la réalité externe et à l'angoisse provoquée par son instinct de mort, utilise les mécanismes de dissociation, négation, idéalisation et identificatrice projective pour se défendre. Le résultat en est la dissociation des objets en persécuteurs et idéalisés. Par contre, la position *dépressive*, décrite par elle comme une acceptation des sentiments de culpabilité, des idées destructives, tolérance de l'angoisse, acceptation du fait que les mauvais aspects sont mauvais en soi, a une nette fonction cognitive et constructive pour la pensée. Cf. M. Klein, *Su alcuni*

Bion conceptualise les moments de désagrégation et d'intégration de l'appareil à penser pour envisager que se crée une oscillation permanente entre les deux situations et symbolise cette oscillation par la formule[12] :

SP **<=>** D

La capacité de penser dérive d'une série d'expériences de contact favorable avec un objet duquel l'enfant se sent suffisamment aimé et reconnu (la mère) , qui contient nourriture et pensées : les pensées que le nourrisson ne peut pas encore penser lui-même et qui peuvent donc lui être introjectées. L'enfant entame donc le processus d'introjection d'un objet qui pense et donc il devient, par identification, capable de contenir des pensées, parmi lesquelles ce que pense la mère.

Pour arriver à un aboutissement satisfaisant du processus, certaines dispositions sont déterminantes chez l'enfant : en premier lieu la capacité d'aimer, de s'abandonner à la relation avec la mère (ou la personne qui prend soin de lui), de créer en lui l'espérance et la confiance au cours des expériences positives et grâce à elles. L'espérance et la confiance sont les éléments constitutifs de la capacité de tolérer la frustration et donc d'imaginer la mère (représentée symboliquement par le sein absent). La capacité de penser ne dépend pas alors seulement de variables innées, d'une manière mécanique, mais bien du développement d'une relation qui leur permet de se déployer sur un mode mineur ou majeur.

La pensée, selon cette hypothèse, naît donc de l'amour objectal dérivant de l'amour narcissique, donc de l'instinct d'auto conservation. *La pensée peut être considérée comme la forme la plus évoluée de l'instinct d'autoconservation*[13].

---

meccanismi schizoidi (1946), in *Scritti 1921-1958*, Turin Boringhieri, 1978

12 Cf. par exemple Blandino (1996), p. 165.

13 Cf. A. Meotti (1981), p. 422.

La théorie du contenant et de la connaissance de Bion

La théorie du contenant de Bion se base sur le contact émotif : celui de la mère avec le nourrisson et vice-versa. Le modèle contenant-contenu se réfère en premier lieu au système mère-enfant : la naissance est la perte du premier contenant ; ainsi naît le besoin d'un contenant vicariant (la mère psychologique et relationnelle). De ce point de vue, la fonction maternelle est donc celle de remplacer un contenant par un autre.

Contenants et contenus

Le contenant empathique maternel consiste en sa capacité de *rêverie*, c'est-à-dire dans sa capacité de recevoir (à travers l'identification projective), de comprendre les angoisses de l'enfant et de les lui restituer *bonifiées. À* partir du moment où l'enfant se sent compris, il est soulagé de ses angoisses et « introjecte un esprit qui pense ». Notre esprit est le contenant des pensées et notre santé mentale naît quand nous nous sentons compris. La qualité de notre mode de pensée dépend donc fortement des relations primaires que nous développons à l'aube de notre existence.

S'il ne trouve pas de contenants psychiques efficients dans les fonctions mentales des adultes, un enfant ne peut pas avoir un développement sain.

Quand il se crée une relation positive entre un contenant et un contenu, on a une relation créative.

Dans la théorie du contenant Bion distingue trois modalités de relation : *commensale, symbiotique et parasitique*[14].

On appelle commensale une relation dans laquelle contenant et contenu coexistent sans s'influencer. Dans la relation symbiotique le contenu et le contenant donnent naissance à quelque chose d'autre qui interagit entre eux. Cette relation n'est pas dénuée d'agressivité et de destructivité, mais elle est réciproquement féconde et à la fin le lien se révèle créatif. Par relation parasitique, Bion désigne la situation dans laquelle un des deux composants (le contenant ou le contenu) détruit l'autre.

Bion étudie la période qui à lieu entre le besoin de l'enfant et le moment où ce besoin est satisfait ; comme nous l'avons dit, la pensée naît durant ce moment de vide. Le vide et le besoin sont les fondements de la possibilité de penser.

Il met, en outre, le désir de connaissance sur le même plan que l'amour et la haine et observe le lien qui existe entre l'esprit qui offre un contenant et les contenus de l'esprit. En face du problème de l'absence et du manque, il y a en fait deux possibilités : tolérer la frustration (et donc penser) ou éviter la frustration, et donc ne pas penser, au prix de la disparition de l'esprit.

Le « lien K » (pour *knowledge,* connaissance)[15] est, pour Bion, le lien entre un sujet qui cherche à connaître et un objet disponible à être connu. C'est une pulsion au sens freudien. Il peut être frustrant et douloureux et il implique une capacité à être patient.

Amour et haine, symbolisés par Bion par L (*love*, amour) et H (*hate*, haine) sont les facteurs de la fonction K, de la

---

14 Cf. W. Bion (2010), p. 106.

15 Cf. W. Bion (2009b), p. 83.

connaissance. Et en fait à travers ces facteurs, il peut y avoir trouble de la fonction K quand, par exemple, il y a refus de la souffrance mentale.

Dans K (connaissance) la formation de l'abstrait et du général en partant du particulier deviennent possibles, mais ceci n'est pas possible dans -K (méconnaissance). Dans -K le particulier est spolié de ses qualités et son résultat final n'est pas l'abstraction. Au contraire, dans K le particulier peut se généraliser et devenir abstrait.

Par analogie avec la préconception, le lien K se réfère à une expectative, non encore réalisée, de connaître quelque chose.

L'attitude appelée « connaître » est l'activité par laquelle le sujet arrive à être conscient de l'expérience émotive et peut abstraire de celle-ci une formulation qui la représente de manière adéquate. Le processus d'abstraction est fondamental dans l'expérience émotive de lien K, car les éléments abstraits servent lors de l'apprentissage par l'expérience ainsi que dans la compréhension de la réalité.

Quand le lien K est prédominant, les liens L et H lui sont subordonnés

Il faut distinguer la possession d'une connaissance en tant que résultat de la modification de la souffrance dans le lien K, dans ce cas la connaissance acquise servira à de nouvelles expériences de découverte, de la possession de connaissance utilisée exclusivement pour éviter une expérience douloureuse. Cette fuite devant la douleur peut se retrouver au service de l'activité appelée « lien -k », qui est un état émotif où tous les facteurs suggérés par K sont inversés, et en termes de contenant-contenu constituent une relation de spoliation et destruction réciproques dans laquelle les signifiés et les émotions sont dépourvus de vitalité et de sens, et où, donc il n'y aura ni développement ni découverte possible.

La grille et les transformations

Bion imagina une grille[16] pour représenter un modèle graphique des transformations de la pensée (Tableau 1)

Sur l'axe vertical du tableau on trouve les transformations inhérentes au développement de la pensée classées selon le degré de complexité atteint dans son développement. La composante horizontale reprend, elle, les transformations dépendantes de l'usage étant fait de la communication. Les cases de la grille indiquent les transformations qui résultent des moments évolutifs de la pensée.

La colonne 1 de la grille est celle des *hypothèses définitoires.* Une hypothèse définitoire tend à lier et à définir des faits qui ont été précédemment découverts.

Dans la colonne 2 on trouve les énoncés formulés avec l'intention de s'opposer à un énoncé valide ; correspondant aux phénomènes connus en psychanalyse comme *résistances.*

La colonne 3 contient les énoncés employés pour enregistrer un fait. Ils mettent en œuvre les fonctions de *notation* et de mémoire.

Le terme de *conjonction constante* s'applique lorsqu'on remarque qu'un certain nombre de faits ou d'événements surviennent régulièrement ensemble. La colonne 4, *attention*, contient les énoncés dont la fonction est d'enregistrer la répétition d'une conjonction constante. C'est dans cet état mental d'*attention* qu'il y a réceptivité pour le *fait choisi.*

Les énoncés de la colonne 5, *recherche*, sont utilisés pour explorer l'inconnu.

La colonne 6 est intitulée *action* : on y retrouve les énoncés qui se traduisent par une action matérielle.

---

16 Cf. W. Bion (2010), p. 6.

	1 Hypo-thèses défini-toires	2 Résistance	3 Notation	4 Attention	5 Recherche	6 Action	…
A Éléments bêta							
B Éléments alpha							
C Pensées, rêves							
D Pré-conceptions							
E Conceptions							
F Concepts							
G Système scientifique déductif							
H Calcul algébrique							

Tableau 1. La grille des Transformations de la pensée, de Bion

Venons en aux lignes de la grille, les deux premières lignes doivent être considérées conjointement. Il s'agit là des éléments bêta et alpha, dont nous avons déjà parlé.

Les éléments bêta comprennent des phénomènes très archaïques qui ne peuvent être considérés comme des pensées ; les éléments alpha sont ceux qui permettent de former des pensées oniriques.

La ligne C inclut les rêves, les systèmes organisés de pensées oniriques ainsi que les mythes.

La ligne D, sous l'intitulé *préconceptions,* représente un énoncé non saturé, qui n'a donc pas encore rencontré l'expérience. Une préconception recherche l'expérience émotive qui la sature, en d'autres termes, qui la transforme en expérience réelle.

Si un état mental de ce type s'intègre avec l'expérience, la conséquence en est le développement de la *conception*, qui occupe la ligne E.

Le *concept* qui définit et caractérise la ligne F, dérive de la conception à travers un processus d'abstraction qui l'a libéré des éléments senso-perceptifs. Il représente une catégorie d'énoncés tels que les théories scientifiques.

La ligne G est constituée de *systèmes scientifiques déductifs.* Il s'agit là d'une combinaison de concepts et d'hypothèses liés entre eux par des relations logiques.

Enfin dans la ligne H on trouve le calcul algébrique.

Toutes les lignes, excepté la première, représentent des catégories d'énoncés non encore saturés, c'est-à-dire ayant la capacité et la possibilité d'accumuler du signifié. Le signifié dérive en fait de l'expérience qui s'intègre avec l'énoncé et le sature.

Le mouvement vertical le long de la grille a lieu à travers la conjonction répétée de la réalisation avec la préconception dans laquelle la conception qui en résulte devient une nouvelle préconception. En d'autres termes, pour se déplacer d'une catégorie de la grille à une autre il faut établir un état d'incohérence à la suite duquel a lieu une nouvelle intégration qui amène à une nouvelle cohérence. La croissance de la pensée advient grâce à une saturation et une généralisation progressives, donc par un mouvement vers le bas de la grille. Descartes, par exemple a montré qu'une forme mathématique

– la géométrie – pouvait être exprimée dans un mode plus abstrait sous une autre forme – l'algèbre. Grâce à ce pas d'abstraction, la mathématique fit un grand bond dans sa capacité à manipuler les idées.

Le concept de transformation est utilisé dans des contextes très divers. Dans certaines branches de la science il est utilisé systématiquement, par exemple en géométrie ou dans la théorie des ensembles. Même la théorie psychanalytique se sert du concept de transformation : par exemple l'élaboration onirique transforme les idées latentes en images des rêves.

Bion propose une théorie des transformations en se référant surtout à l'observation psychanalytique[17].

Il appelle **O** le fait original et **T** la transformation, **T-alpha** le processus et **T-bêta** le produit final.

Le signe O est chargé de multiples implications. C'est une référence au point d'origine des coordonnées de n'importe quel espace. Bion applique le symbole O à tout ce qui dans d'autres cadres de références peut s'appeler « réalité ultime inconnaissable », « vérité absolue », « réalité », « chose en soi », « infini ».

Les transformations étant en relation avec le savoir concernant O peuvent être englobées dans le lien K ou dans sa contrepartie -K, elles sont dénommées *transformations en K.* À ces modèles de transformations, Bion rajoute les *transformations en O.* Ces dernières sont connexes avec le changement, la croissance, l'*insight* psychanalytique.

La transformation en K est liée à un processus d'exploration et d'élaboration cognitive associée à la pulsion que Bion a dénommée lien K, tendance à connaître. Avec la transformation en O il est possible de parvenir à la connaissance plus profonde et vivante de la réalité psychique. Cette transformation est pourtant crainte et une résistance lui est opposée.

---

17 Cf. W. Bion (2001), p. 25.

Les transformations en O ont toujours un caractère destructif et produisent ce que Bion appelle un « changement catastrophique » :

> Le changement catastrophique détermine une violente désorganisation du système qui était constitué au préalable. Toutefois Bion lui attribue un sens positif d'évolution.
>
> Le changement catastrophique constitue un phénomène évolutif de croissance mentale. On peut le comparer à une explosion qui transforme un moment pré-catastrophique en un autre, post-catastrophique, riche d'émotions. Il est associé à une transformation qui est le point de départ d'une évolution. [...]
>
> Il s'agit d'une situation émotive profonde mêlée à un sentiment de crise, pouvant survenir aussi bien dans la vie psychique individuelle que dans le groupe ou la société[18].

Quand le fait nouveau est proche de l'esprit, se crée une zone à laquelle Bion donne le nom de *turbulence émotive.*

L'unification d'une masse de phénomènes apparemment dispersés au moyen d'une intuition subite, unification qui donne cohérence et signification aux phénomènes, est le processus que Bion appelle *évolution.*

À noter que ce processus d'évolution est le même que celui décrit par Poincaré quand il décrit l'apparition du fait choisi, comme facteur fondamental de la découverte (comme cité précédemment, le fait choisi introduit subitement l'ordre où régnait l'apparence du désordre).

La théorie Bionienne des groupes

L'hypothèse de l'existence d'une « mentalité de groupe » dérive du fait que le groupe, dans de nombreuses circonstances, fonctionne comme une entité unique, sans que ses membres en aient toutefois conscience. La mentalité d'un

---

[18] Cf. L. Grinberg, *et alia* (1993), p. 66. (trad. de l'auteur).

groupe est donc une activité mentale collective qui se produit lorsque les personnes se réunissent. Elle est constituée de l'opinion, de la volonté ou du désir unanime du groupe à un moment donné. Les individus y contribuent dans une forme anonyme ou inconsciente.

L'organisation d'un groupe à un moment déterminé peut être vue comme la résultante des rapports réciproques entre la mentalité de groupe et les désirs de l'individu. Bion nomme cette organisation culture du groupe

Bion définit l'Hypothèse de base ou présupposé de base comme un terme qui qualifie l'opinion de groupe. La mentalité de groupe est le contenant de toutes les contributions des membres du groupe. Le concept d'hypothèse de base en revanche est inhérent au contenu de l'opinion de groupe. Les hypothèses de base sont caractérisées par des émotions intenses et Bion les considère fondamentales. La culture du groupe montrera toujours des signes évidents issus des hypothèses de base sous-jacentes. Les hypothèses de base sont inconscientes et un groupe en thèse de base adopte une organisation particulière en fonction de ladite thèse.

Les hypothèses de base identifiées par Bion sont au nombre de trois : dépendance, attaque fuite, et couplage[19].

L'hypothèse de base de dépendance consiste dans la croyance collective qu'il existe un objet externe qui a la fonction de procurer la sécurité au groupe. Les groupes suivant cette thèse se fient à un « chef » (n'appartenant pas au groupe) dans le but de se défendre envers la frustration de l'expérience directe.

L'hypothèse d'attaque fuite consiste dans la conviction qu'il existe un ennemi externe à attaquer ou à fuir (l'objet mauvais est extérieur). Le groupe se comporte comme s'il était menacé.

---

[19] Cf. W. Bion (2009a), p. 97.

Celle de couplage est la croyance que quels que soient les problèmes du groupe, ils seront résolus par un événement futur ou par quelqu'un qui n'est pas encore né.

Tous les présupposés de base sont des états émotifs qui tendent à éviter la frustration de l'apprentissage à travers l'expérience, un apprentissage qui implique effort et douleur. À l'opposé de l'organisation de groupe en hypothèse de base on trouve celle de *groupe de travail*. Un groupe de travail exige de ses membres capacité de collaboration, maturité et formation spécifique. C'est un état mental qui entraîne contact avec la réalité et tolérance de la frustration. L'organisation du groupe de travail est distincte de celle résultant de l'hypothèse de base. La tâche à réaliser présuppose une approche qui utilise des méthodes rationnelles et scientifiques. Le groupe, qui tolère la frustration, accepte donc l'évolution des idées neuves. L'activité du groupe de travail peut être perturbée par le groupe en hypothèse de base. Un conflit peut survenir entre l'idée neuve et le groupe ou entre l'individu en tant que personne et en tant que membre du groupe ou entre le groupe de travail et le groupe en hypothèse de base. Ce dernier s'oppose de toute manière à l'idée neuve.

Le groupe de travail et l'individu qui en fait partie affrontent la douleur d'opposer les deux tendances.

L'idée neuve, d'après Bion, contient une force potentiellement destructrice, qui désorganise le champ dans lequel elle se manifeste. Ainsi une nouvelle découverte désorganise la structure d'une théorie, un révolutionnaire la structure d'une société, une interprétation la structure d'une personnalité. Une structure se transforme en une autre à travers des moments de désorganisation, de douleur et de frustration ; la croissance dépendra de ces processus.

En utilisant le modèle contenant-contenu, il est possible d'étudier ces vicissitudes sans se référer chaque fois au contexte dans lequel elles se produisent. Il est possible de se référer à l'idée neuve comme étant le contenu et au groupe, à l'esprit ou à la société comme étant le contenant.

La crise d'un paradigme scientifique et l'arrivée d'un nouveau

Les exemples les plus fameux des révolutions scientifiques ont une caractéristique commune : la solution de chacun des problèmes en jeu avait été au moins partiellement anticipée dans une période pendant laquelle il n'existait pas encore de crise dans le domaine scientifique correspondant, et en l'absence de crise ces anticipations avaient été négligées.

Une anticipation fameuse est celle de l'héliocentrisme, prôné par Aristarque de Samos au IIIe siècle avant JC.

On a souvent dit, Kuhn[20] le dit lui-même, que si la science grecque avait été moins déductive et moins dominée par les dogmes, l'astronomie héliocentrique aurait pu commencer à se développer dix-huit siècles plus tôt. Mais une telle affirmation, même si elle est fondée, ne tient pas compte du contexte de l'époque. Quand Aristarque propose son hypothèse, le système géocentrique (notez bien, le système est géocentrique, mais pas encore ptolémaïque ! Ptolémée réussira à consolider d'une manière formelle la vision géocentrique presque quatre siècles après Aristarque), beaucoup plus rationnel et intuitif pour la perception (par exemple, le fait que les étoiles soient « fixes » paraissait beaucoup plus naturel dans une théorie géocentrique), ne présentait aucune difficulté (i.e. anomalie) qui ne puisse être éliminée par le système héliocentrique, et donc il n'y avait pas de raison évidente pour prendre Aristarque au sérieux. Un des facteurs qui poussa les astronomes à accepter la théorie de Copernic (et qui ne pût agir en faveur d'Aristarque) fût l'existence d'une crise reconnue du vieux paradigme. Les crises sont donc une condition préliminaire nécessaire à l'émergence de nouvelles théories.

L'épistémologie consolide ce qui est déjà acquis, mais elle est presque muette sur ce qui doit encore être acquis et

---

[20] Cf. T. Kuhn (1969), p. 100.

comment l'acquérir : on en revient ainsi à Bion, pour qui les idées vraies existent sans avoir besoin d'être pensées.

Durant une crise de paradigme, le chercheur se trouve dans l'incertitude, dans la confusion, dans le noir.

Les solutions nouvelles dans la période pré-critique sont comme des *pensées sans penseur* : elles n'ont pas encore trouvé à se loger dans l'esprit de la communauté scientifique (comme la théorie d'Aristarque au IIIe siècle avant J.C.). En l'absence de la *turbulence émotive* associée à la crise du paradigme, elles ne peuvent être reconnues ou assimilées.

On peut dire aussi que l'anticipation théorique héliocentrique élaborée par Aristarque a coexisté pendant des siècles à côté du paradigme géocentrique dominant.

Comment réagissent les scientifiques face à la crise ?

Ils ne renoncent pas immédiatement au paradigme qui les a menés à la crise : une fois rejoint le statut de paradigme, une théorie scientifique est déclarée ne plus être valide uniquement s'il existe une alternative possible à mettre à sa place.

La décision d'abandonner un paradigme se base sur quelque chose de plus fort qu'une simple confrontation de cette théorie avec le monde : il y a toujours, en plus, la décision d'accepter un autre paradigme.

La description que nous fait Kuhn de l'alternance des paradigmes suggère la présence d'un « vide » durant l'interrègne entre l'ancien paradigme et le nouveau. Ce vide doit être toléré par les scientifiques, exactement comme il a été dit pour le nourrisson quand il attend la mère absente. Le scientifique en attente de la révolution éprouve, en fait, une souffrance mentale, comme le dit Kuhn :

> Bien qu'il soit improbable que l'histoire en retienne les noms, certains ont été sans aucun doute poussés à

> abandonner la science à cause de leur incapacité à tolérer une crise[21].

Mais c'est bien cette souffrance qui cause la naissance des idées neuves :

> Comme les artistes, les scientifiques créatifs doivent de temps en temps être capables de vivre dans un monde détraqué : cette nécessité est la tension indispensable implicite dans la recherche scientifique[22].

Ce monde détraqué, de la crise du paradigme scientifique, nous rapporte à la *turbulence émotive* définie par Bion et au modèle bionien selon lequel l'analyste peut s'arrêter dans la position schizoïde-paranoïde à la recherche de pensées imprévisibles avec son patient. La vraie créativité dans la solution des problèmes consiste à s'autoriser à divaguer un peu, à oublier un peu l'objectif. Le fait qu'Einstein ait élaboré ses théories de la relativité les plus révolutionnaires en dehors de la communauté scientifique, alors qu'il n'était qu'un obscur employé dans un bureau des brevets, est en cela très significatif. Dans une telle situation il lui était plus facile de « divaguer » en dehors du paradigme canonique en vigueur.

> L'anomalie doit être quelque chose de spécial : quand elle vient à se présenter comme quelque chose de plus qu'un casse-tête de la science normale, alors la transition à la crise et à la science extraordinaire est commencée[23].

Nous pourrons donc définir, selon le vocabulaire bionien, l'anomalie comme une pensée parasite, destinée à détruire le contenant « vieux paradigme » à travers un changement catastrophique.

Une reconnaissance explicite de l'échec est extrêmement rare, mais les effets d'une crise ne dépendent pas entièrement de sa reconnaissance consciente. Quels sont ces effets ?

---

[21] Cf. T. Kuhn (1969), p. 105.
[22] Ibidem.
[23] Cf. T. Kuhn (1969), p. 109.

Toutes les crises commencent par l'imprécision, le flou du paradigme et sa conséquence, le relâchement des règles de la science normale.

Toutes les crises se terminent par l'émergence d'un nouveau candidat au titre de paradigme et la bataille pour son acceptation qui s'ensuit[24].

Dans la bataille pour l'acceptation du nouveau paradigme, on peut identifier une dialectique de groupe suggérée par Bion.

On considère la résistance au changement de la vieille communauté scientifique, celle qui n'arrive pas à abandonner le vieux paradigme (on pense par exemple aux résistances du système ptolémaïque envers le copernicien). Dans le groupe qui reste encore attaché au vieux paradigme on peut reconnaître l'attitude d'un *groupe d'hypothèse de base* d'attaque fuite. Le nouveau paradigme ne pourra être consolidé qu'à l'intérieur d'un nouveau *groupe de travail* qui acceptera le vide produit par la crise et le tolérera.

Les résistances, les systèmes de défense mis en action par la communauté scientifique contre le nouveau paradigme émergent (ce que Imre Lakatos[25] a théorisé sous le vocable « ceinture protectrice ») sont configurables comme la possession de connaissance utilisée pour éviter l'expérience douloureuse. Cette fuite de la douleur – au service du lien -K – crée une relation de spoliation et de destruction du contenant paradigme par son contenu.

L'involution du paradigme déclenchée par le lien -K portera à sa destruction et à son dépassement. On voit donc que la transition d'un paradigme à un autre n'est pas du tout un processus cumulatif. C'est une reconstruction du champ sur de nouvelles bases, une reconstruction qui modifie

---

24 Cf. T. Kuhn (1969), p. 111.

25 Cf. I. Lakatos, *The methodology of Scientific Research Programmes* : Philosophical Papers Volume 1. Cambridge : Cambridge University Press, 1978.

certaines des plus élémentaires généralisations théoriques de ce champ[26].

La transition décrite par Kuhn pour l'instauration du nouveau paradigme peut être connotée comme étant une « transformation en O » d'après Bion, c'est-à-dire un changement catastrophique. Par contre la science normale, sereine à l'intérieur d'un solide paradigme peut se configurer comme étant génératrice de transformations en K.

Lorsque la révolution est accomplie, les scientifiques adoptent de nouveaux instruments et regardent dans de nouvelles directions. Mais le fait le plus important est que lors des révolutions, les scientifiques voient des choses neuves et diverses même lorsqu'ils regardent avec les instruments traditionnels dans des directions où ils avaient déjà regardé auparavant.

Ce fait de voir des « choses neuves » est un véritable enrichissement de signifié au sens bionien :

> Enrichir le signifié (chose qui existe aussi dans le travail psychanalytique) consiste non seulement à découvrir quelque chose que l'on ne connaissait pas, mais aussi dans le fait de voir sous un angle nouveau quelque chose que l'on connaît déjà[27].

En revenant aux énoncés de la grille, ces nouveaux signifiés s'obtiennent en saturant avec la même expérience des énoncés (pré-conceptions) nouveaux.

Nietzsche affirmait :

> Ce qui distingue les esprits vraiment originaux n'est pas d'être les premiers à voir quelque chose de nouveau, mais de voir comme nouveau ce qui est vieux, connu depuis toujours, vu et négligé par tous[28].

L'histoire de l'astronomie offre de nombreux exemples de mutations de la perception scientifique induites par un changement de paradigme. Kuhn reprend par exemple le fait

---

26 Cf. T. Kuhn (1969), p. 111.
27 Cf. G. Blandino (1996), p. 157.
28 Cf. F. Nietzsche (1880), *Humain, trop humain.*

que les astronomes occidentaux ne virent pour la première fois une mutation (à savoir l'apparition d'une nouvelle étoile) dans des cieux jusqu'alors retenus comme étant immuables, incorruptibles, que lorsque se fût écoulé un demi siècle après la proposition du nouveau paradigme copernicien. Les chinois, qui avaient des doctrines cosmologiques diverses des ptolémaïques, avaient, pour leur part, déjà enregistré l'apparition d'un grand nombre d'étoiles nouvelles dans le ciel en des temps bien antérieurs.

Voici, pour suivre, un autre exemple évocateur qui met en évidence comment le nouveau paradigme fait voir la même phénoménologie d'une manière différente :

Selon la théorie newtonienne, l'orbite d'une planète autour du soleil est le fruit de l'équilibre entre les forces d'attraction soleil-planète et la force centrifuge orbitale, exprimées dans un espace euclidien, c'est-à-dire plat. Dans la théorie einsteinienne de la Relativité Générale, par contre, la même orbite est vue comme géodétique (c'est-à-dire une trajectoire naturelle) dans un espace courbe, incurvée par la présence de la masse du soleil. Bel exemple de *voir d'une manière nouvelle ce qui est vieux* : ce n'est pas l'orbite qui est courbée par une force, mais l'espace lui-même qui est courbe !

Cet exemple de la gravitation, d'abord newtonienne puis einsteinienne est important, car il montre que dans certains cas le nouveau paradigme « contient l'ancien », comme limite. La gravitation newtonienne est contenue dans la théorie de la gravitation d'Einstein en tant que cas particulier. Elle est valable pour les applications dans lesquelles n'entrent pas en jeu des champs gravitationnels très intenses (ceux qui produisent les anomalies pour lesquelles le vieux paradigme est en défaut) elle est encore pleinement valide (en fait pour n'importe quelle extension de la théorie gravitationnelle, on vérifie qu'elle satisfait à ce qu'on nomme « limite newtonienne », c'est-à-dire que lorsque le champ gravitationnel devient faible et que les particules se déplacent lentement on doit pouvoir retrouver la théorie de Newton).

Simplement, avec l'acceptation du nouveau et plus vaste paradigme, la réalité se voit avec des yeux neufs.

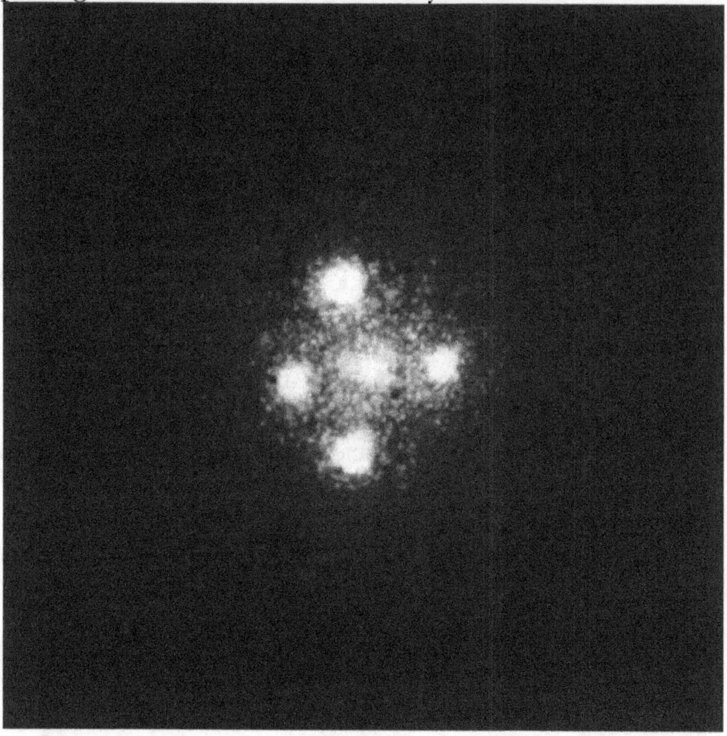

La masse de la galaxie provoque une courbure de l'espace autour d'elle : c'est ce que les astronomes appellent « effet lentille gravitationnelle ».

Image de la lentille gravitationnelle G2237+0305, appelée « croix d'Einstein ». La photo montre quatre images d'un quasar très éloigné dont l'image a été multipliée par l'action gravitationnelle d'une galaxie nous étant plus proche qui a agi comme une lentille gravitationnelle.

Les rayons de lumière issus du quasar sont déviés dans leur trajet à cause de la présence de la masse de la galaxie qui s'interpose. Cette courbure provoque les quatre images que l'on voit sur la photo. Les lentilles gravitationnelles sont des preuves tangibles de la théorie de la gravitation d'Einstein. Image NASA, ESA and the Hubble Heritage (STScl/AURA)-ESA/Hubble Collaboration.

> Les scientifiques parlent souvent d'un « voile qui tombe de devant les yeux », ou d'un « éclair » qui illumine un casse tête précédemment obscur. En d'autres termes, l'illumination se produit dans le subconscient. Aucun sens habituel du terme « interprétation » ne correspond à ces éclairs d'intuition au travers desquels naît un nouveau paradigme[29].

L'« éclair » du scientifique est comparable à un insight psychanalytique, et le terme « interpréter », que Kuhn ne tient pas pour valable pour définir le processus, peut être remplacé par transformation en O, transformation catastrophique, alors que, comme nous l'avons déjà suggéré, la science normale prévoit exclusivement des transformations en K.

Alberto Meotti dit :

> Les révolutions scientifiques, comme les psychanalytiques requièrent un détachement achevé et complet des objets du passé. Le destin de la créativité, dans la situation psychanalytique comme dans la découverte scientifique, dépend d'une telle intériorisation et d'un détachement, qui sont les conditions de la séparation et de l'autonomie, de la capacité de regarder à travers l'objet non pas avec ses yeux, mes avec ses yeux à lui.
>
> [...] La nouvelle connaissance, l'hypothèse révolutionnaire, naissent d'une opération massive d'intériorisation et d'oubli des connaissances préexistantes[30].

La difficulté de produire des révolutions scientifiques dépend de la réticence naturelle à accepter la souffrance, la solitude et la confusion provoquées par la séparation d'avec les objets aimés et est fonction de l'amour qu'on leur porte et de la détermination à ne pas s'en séparer. La maturité créative, par contre, requiert un tel détachement.

---

[29] Cf. T. Kuhn (1969), p. 152.
[30] Cf. A. Meotti (1981), p. 413-422.

> Le transfert de la confiance d'un paradigme vers l'autre est une expérience de conversion qui ne peut être imposée par la force. Une résistance opposée toute sa vie, particulièrement par ceux dont la carrière productive a toujours été liée à la vieille tradition de la science normale, n'est pas une violation des critères scientifiques, mais une indication de la nature même de la recherche scientifique. La raison de cette résistance est constituée par la certitude que le vieux paradigme finira par résoudre tous ses problèmes, que la nature peut être forcée à suivre le format imposé par le paradigme. C'est cette même certitude qui rend possible la science normale, basée sur la résolution de casse-tête. Et c'est seulement à travers la science normale que la communauté des spécialistes réussit, tout d'abord à exploiter tout ce que le vieux paradigme peut offrir et ensuite à repérer les difficultés dont l'étude amènera à la naissance d'un nouveau paradigme[31].

Ce commentaire redonne sa juste valeur à la science normale, il reconnaît un aspect positif à la résistance au changement et la dignité de connaissance scientifique à la résolution des casse-tête, que nous pouvons reconnaître comme étant des transformations en K.

---

[31] Cf. T. Kuhn, (1969), p. 183.

III : Vérité, mensonge et incomplétude : la preuve de Gödel

Résumé. Dans la logique mathématique, il est fondamental d'établir la vérité ou l'erreur des propositions entrant dans le calcul logique. Il est fondamental de dériver les propositions vraies d'un système d'axiomes (c'est-à-dire de « vérités » indémontrables). Même la logique la plus rigoureuse peut créer des paradoxes ou coexistent une vérité et sa négation. La connaissance, c'est connaître la vérité. Mais cette vérité n'est pas toujours obtenue par la logique.

D'après Bion, la vérité est essentielle pour la croissance mentale. Sans vérité l'appareil psychique ne peut se développer, car il n'est pas alimenté. Une mère capable de *rêverie* vis-à-vis de son enfant devine la vérité sur ce qu'il ressent, au moment où il est angoissé et, en rentrant avec lui dans le rêve la lui restitue sous une forme qu'il peut tolérer.

Les interprétations psychanalytiques qui tendent à clarifier certains aspects de la réalité psychique fournissent des vérités partielles qui aident au développement et à la croissance mentale du patient.

Le rapport du penseur avec la pensée peut être convivial, symbiotique ou parasitique. Dans le premier cas, l'état convivial entre l'idée neuve et le penseur, dans lequel ils ne s'influencent pas, peut changer si l'idée et le penseur se rencontrent dans un moment d'évolution réciproque. Lorsque cela se produit, peut survenir un changement catastrophique. Du changement catastrophique naîtra un rapport symbiotique, celui dans lequel le penseur et la pensée grandissent et se développent dans un rapport réciproquement bénéfique. Ainsi émergeront des pensées formulées qui seront incluses dans la relation contenant-contenu dans K, donc il y aura création de connaissance. Mais si le rapport entre la pensée et le penseur est parasitique, le lien entre pensée et penseur peut devenir de type -K, le résultat de l'interaction sera une prolifération de mensonges servant de barrière contre la vérité.

Bion retient que, pour qu'il y ait mensonge, il faut nécessairement un penseur, alors que la pensée vraie n'a pas besoin de quelqu'un qui la pense. En outre, d'après Bion la capacité de l'être humain à tolérer la vérité pour ce qui le concerne est limitée et, par conséquent l'esprit est toujours prêt à créer des mensonges pour s'opposer à cette douleur.

Voici un passage de l'*Attention et l'Interprétation,* dans lequel est montré le point de vue des menteurs au regard du point de vue scientifique, qui donne à la vérité un rôle prédominant :

> Les menteurs firent preuve de courage et de précision dans leur opposition aux scientifiques qui, avec leurs doctrines pernicieuses menaçaient de priver leurs victimes de la moindre possibilité d'auto-illusion et de les laisser sans la protection naturelle nécessaire afin que leur santé mentale soit préservée de l'impact de la vérité. Certains, bien que connaissant les risques encourus, renoncèrent à leur propre vie pour la défense des mensonges, cela afin que faibles et dubitatifs soient convaincus de leur certitude de la vérité de propositions aussi absurdes qu'elles aient été. [...] La mort elle-même fut niée [...] ces martyrs de l'erreur étaient souvent d'une origine modeste [...]. En renonçant à leur propre vie ils se sont chargés de la morale du monde sur leurs épaules. Leurs vies et celles de leurs disciples furent dédiées à l'élaboration de systèmes d'une grande complexité et d'une grande beauté, dans lesquels la structure logique était conservée grâce à un puissant intellect et un raisonnement infaillible. Par contre, la faiblesse des procédés utilisés par les scientifiques qui tentèrent maintes et maintes fois de valider leurs propres hypothèses permit aux menteurs de démontrer avec facilité la fausseté des prétentions de ces grossiers

> parvenus, et de retarder, si ce n'est d'interdire, la diffusion de doctrines qui auraient pu avoir seulement l'effet d'introduire un sens de désespoir et de vacuité chez les menteurs et leurs bénéficiaires[55].

Dans ce passage, Bion suggère que les menteurs veulent protéger les faibles du contact avec la vérité. La connaissance de la vérité est engendrée dans la douleur et le mensonge protège de cette douleur (en essayant d'éviter cette douleur, une communauté scientifique peut en venir à se défendre contre la nouvelle vérité, les nouvelles idées qui interprètent le monde).

Les philosophes grecs et les mythes qu'ils évoquaient s'étaient déjà essayés au délicat problème de la vérité. Nous citons Fernando Riolo :

> Le logos est double, alethes et pseudes. Ces contraires n'ont pas de caractère d'oppositions s'excluant, mais font partie d'un concept à double face, diplos, ambigu.
>
> Notre savoir est une opinion, qui nécessite de choisir entre plusieurs vérités possibles. Le critère de vérité se déplace à l'intérieur de l'homme, qui devient la mesure de toutes choses, de comment sont celles qui sont et comment ne sont pas celles qui ne sont pas[56].

Voilà comment Héraclite peut définir la vérité d'une façon contradictoire : C'est la même chose qui est en nous, ce qui est vivant et ce qui est mort, ce qui est éveillé et ce qui dort, ce qui est jeune et ce qui est vieux[57].

> Héraclite est le maître des énigmes : il les énonce mais ne les résout pas. L'énigme est le lieu de rencontre de la vérité et du mensonge. Le concept d'énigme est défini par Aristote comme étant : *Dire des choses vraies reliant des choses impossibles*[58].

---

55 Cf. W. Bion (2010), p. 137.
56 Cf. F. Riolo (1981), p. 715. Traduction de l'auteur.
57 Héraclite, *Fragments*. 88.
58 Aristote, *Poétique*, 22, 1458.

Nous donnerons pour exemple d'énigme, celle, fameuse, proposée par le Sphinx à Œdipe ; le Sphinx se tenait à l'entrée de la cité de Thèbes, et qui ne donnait pas la bonne réponse à son énigme était dévoré. L'énigme est la suivante : « Quel est l'animal qui le matin a quatre pattes, en a deux à midi et en a trois le soir ? ». nous voyons que l'absurdité de cette énigme est résolue quand on se la pose à un niveau plus élevé : celui symbolique (l'être ayant un nombre différent de pattes à trois âges différents comme symbole de l'homme). Donc c'est le symbolique qui résout l'absurde, qui intègre le contradictoire.

L'inconscient s'exprime par énigmes et par symboles. D'après Riolo les psychanalystes ont un droit particulier à s'occuper du mensonge et des paradoxes, et aussi un avantage particulier : ils ont un point d'observation privilégié et ils enquêtent en présence d'un interlocuteur capable de « falsifier » leurs hypothèses. Il est de leur devoir d'étudier la nature de ces types particuliers d'expressions menteuses ou paradoxales que sont la névrose, le rêve.

Si le paradoxe est une forme de pensée qui contient des éléments contradictoires sans les résoudre, la pratique psychanalytique peut être considérée comme un entrelacement paradoxal de positions inconciliables.

Le duel mortel avec le Sphinx peut être invoqué comme métaphore du rapport psychanalytique : l'*union de deux pensées qui est une lutte entre vérité et mensonge.*

D'après Riolo, l'identification, faite par les Grecs, de ce qui est vrai avec ce qui est bon, est transformée par Bion en une opposition :

> Si elle est incapable de supporter la frustration [liée à la reconnaissance de ce qui est faux] alors la personnalité développe une omnipotence de manière à éliminer toutes les expériences connexes au lien entre une idée et une réalisation négative [...] le résultat sera une absence

de l'activité psychique dévolue à la discrimination entre le vrai et le faux[59].

Bion prétend que la pensée vraie est là comme un fait, elle n'a pas besoin d'être pensée par l'homme pour être vraie. Le fait de la penser n'a aucun effet sur sa vérité. Cette vision renvoie aux idées platoniciennes ou aux idées transcendantales de Kant[60].

Nous avons déjà dit que d'après Bion, le mensonge doit au contraire être pensé par quelqu'un : seul le mensonge (et non une proposition vraie) doit être pensé pour pouvoir exister.

Dans son article déjà cité, « La psychologie d'un astronome », le Père Boccardi dit :

> Quand les temps sont mûrs pour une découverte, celle-ci se trouve suspendue dans l'air, et nombreux sont ceux qui s'en saisissent, chacun travaillant indépendamment[61] […]

Cette découverte « suspendue dans l'air » et qui n'a pas encore fait son entrée dans l'esprit d'aucun scientifique est exactement la pensée sans penseur dont nous parle Bion.

Les *pensées sans penseur* font aussi penser, dans le domaine de la logique mathématique, à un théorème démontré dans les années 30, qui a causé une révolution dans les fondements de la mathématique : le Théorème de Gödel[62].

Ledit théorème établit ainsi l'incomplétude du système axiomatique de la mathématique :

---

[59] Cf. F. Riolo (1981), p. 720. Trad. de l'auteur.

[60] Souvenons-nous que Penrose, lui aussi, affirme : « Quand les mathématiciens communiquent entre eux, ils le font grâce au fait que chacun d'entre eux a un accès direct à la vérité. […]. Puisque chacun d'entre eux peut rendre directement contact avec le monde des idées de Platon, les mathématiciens peuvent communiquer entre eux plus facilement qu'on pourrait s'y attendre ». Cf. R. Penrose (1992), p. 541.

[61] Cf. G. Boccardi (1926), p. 500.

[62] Pour la théorie de Gödel, cf. E. Nagel & J. R. Newman, *La prova di Gödel*, Torino, Boringhieri, 1974.

Il existera toujours un énoncé non déductible, c'est-à-dire qui n'admet pas de démonstration. En d'autres termes il existera une proposition vraie qui n'est pas déductible des axiomes du système formel. La mathématique est incomplète, parce que si elle était complète tous ses énoncés seraient des théorèmes et donc démontrables.

Et Kurt Gödel ajoute :

Le fait qu'il existe des propositions mathématiques absolument indécidables paraît réfuter la croyance que les mathématiques soient une de nos créations ; en fait, le créateur connaît nécessairement toutes les propriétés de ses créatures, car elles ne peuvent en avoir d'autres que celles que le créateur leur a données.

Donc ceci semble impliquer que les objets et les faits mathématiques (ou tout au moins une part d'entre eux) ont une existence objective et indépendante de nos actes et de nos décisions mentales[63].

Traduit en termes bioniens, ce théorème confirme qu'il peut exister, à l'intérieur d'un système d'axiomes, une proposition vraie qui ne soit pas déductible d'une manière logique. Et donc elle peut ne pas être pensée tout en étant vraie : c'est la pensée sans penseur. Une des intuitions les plus profondes et denses de Bion a trouvé, grâce à Gödel, une reconnaissance formelle.

Si nous quittons la rigueur des systèmes formels et nous nous abandonnons à l'émotion de la poésie, nous vient à l'esprit Shakespeare et son cher Hamlet, qui exprime ainsi une sorte de théorème de Gödel poétique : *Il y a plus de choses dans le ciel et sur la terre, Horatio, que n'en rêve votre philosophie.*

Voilà ce que dit Douglas Hofstadter :

Le théorème de Gödel suggère, bien que ce ne soit absolument pas démontré, que pourrait exister un certain point de vue à très haut niveau d'où on peut

---

63 Cf. K. Gödel, *Opere*, vol. III, Bollati Boringheri, 2006, Torino, p. 272.

> observer la pensée et le cerveau, ce qui implique des concepts n'apparaissant pas aux niveaux inférieurs et qui pourraient contenir un pouvoir d'explication qui n'existe pas, même pas en principe, aux niveaux inférieurs[64].

Et Roger Penrose :

> Si nous réussissons à nous rendre compte (à travers le théorème de Gödel) que le rôle de la conscience est non algorithmique dans la formation des jugements mathématiques dans lesquels il y a comme facteurs importants le calcul et la démonstration rigoureuse, alors sans aucun doute nous pourrons nous convaincre qu'un tel ingrédient non algorithmique pourrait également être crucial pour le rôle de la conscience dans des situations plus générales (non mathématiques)[65].

Cet ingrédient *non algorithmique* dont parle Penrose a peut être quelque chose à voir avec celui de l'*ordre émotionnel* qui concerne aussi les sciences exactes, et se trouve dans l'inconscient où règne la liberté dont parle Poincaré ? Peut-être est ce cet ingrédient qui se crée un passage dans notre conscience et qui résout les paradoxes ?

Von Hayek, dans son livre L'*ordre sensoriel,* nous met en garde contre l'idée d'une consistance complète de nos processus mentaux, c'est-à-dire de la capacité effective de comprendre totalement notre propre esprit :

> [...] non seulement l'esprit dans son ensemble, mais jusqu'au dernier des simples processus mentaux doivent éternellement rester pour nous des phénomènes d'un type spécial, que nous ne réussirons jamais à expliquer totalement dans les termes des lois physiques[66].

---

64 Cf. D. Hofstadter, Gödel, Escher e Bach : un'eterna ghirlanda brillante, Adelphi, Milano, 1984, p. 768.

65 Cf. R. Penrose (1992), p. 256.

66 Cf. F. Von Hayek (1990), p. 271.

Donc le domaine de la connaissance de l'inconscient de l'individu est beaucoup plus vaste que celui de la connaissance consciente ; et c'est justement dans celui-ci que se trouve selon Hayek l'origine de nos actions. Nous développerons ces concepts plus avant dans ce livre, en étudiant les idées de Ignacio Matte Blanco.

Antonio Imbasciati souligne que la découverte fondamentale de Bion est le lien entre la destructivité et la connaissance. Ce lien qui génère le mécanisme de défense le plus primitif.

Le changement catastrophique qui dérive de l'irruption d'une vérité nouvelle (la force destructrice de la nouvelle idée) entraîne la destruction d'un contenant, mais aussi une évolution, donc une croissance positive qui, en se référant à Kuhn, peut être représentée par les révolutions scientifiques qui amènent les progrès de la science.

En cela Bion et Kuhn sont les premiers à donner une vision anthropologique de l'homme comme tendu vers une connaissance progressive et un enrichissement de son propre esprit.

Imbasciati dit :

> Le besoin de connaissance est la vie elle-même : la croissance est la connaissance progressive, l'amour est l'unique moyen de se rapprocher. L'homme normal est celui qui peut lutter pour grandir, dans son esprit. C'est un rempart durable contre la tentation de la destructivité. La connaissance est sa victoire[67].

Dans cette perspective, Bion affirme que le développement de l'homme fera en sorte qu'il pourra être toujours plus en mesure de permettre à ses enfants de se développer encore mieux. *Je suis convaincu* – dit il – *que la race humaine doit encore développer pleinement sa propre intelligence*[68].

---

[67] Cf. A. Imbasciati (1994), p. 360.

[68] *Ibidem*, p. 360.

IV : Phénomènes coopératifs dans la nature et dans l'esprit

Résumé. Poincaré affirme : « Notre esprit est infirme comme le sont nos sens, il se perdrait dans la complexité du monde si cette complexité n'était harmonieuse »

Qu'est ce qui met de l'ordre dans cette complexité, comment passe-t-on du désordre à l'ordre ? Le processus de formation de structures ordonnées dans la nature, dans les théories sur la nature et dans notre conscience peut être représenté par des phénomènes coopératifs, identiques à ceux que l'on peut étudier et formaliser dans la physique des processus non linéaires.

Les phénomènes coopératifs en physique

Les phénomènes coopératifs en physique sont ceux qui ne peuvent être réduits à la somme de multiples phénomènes individuels. Ils sont caractérisés par l'interaction d'un grand nombre de particules. Ces interactions s'étendent sur des distances qui sont énormément plus grandes que le rayon d'action habituel des particules isolées. Ce sont ceux dans lesquels chaque individu de l'ensemble a, pour ainsi dire, « conscience » de ce que font les autres, comme si les éléments du système pouvaient communiquer entre eux. Quand on passe de phénomènes qui sont simplement la somme des contributions singulières à ce type de phénomènes, survient une transformation que les physiciens appellent transition de phase. Ces processus peuvent être considérés comme une faisant le lien entre physique et biologie. Les phénomènes cohérents ou coopératifs réalisent en fait une sorte d'auto organisation, comme on l'observe en biologie.

Les structures qui s'organisent dans ce type de processus sont appelées par le prix Nobel Ilya Prigogine « structures dissipatives »[69], car dans celles-ci la dissipation, et donc l'échange d'énergie avec le milieu extérieur, est fondamentale. Les principes de la thermodynamique classique de Boltzmann ne sont plus applicables à ces structures. Boltzmann a établi les lois qui régissent la distribution des particules dans les niveaux énergétiques d'un système à l'équilibre. Ces lois nous fournissent une distribution de probabilité qui exprime « le principe d'ordre de Boltzmann »[70].

Ce principe exprime le fait que les systèmes, au cours du temps, tendent vers l'état le plus probable, cela conduisant à une augmentation de l'entropie.

Les travaux de Boltzmann[71] représentent encore la volonté de rapprocher le deuxième principe de la thermodynamique, celui qui décrit les transformations irréversibles, de la vision classique. Ils cherchent donc à montrer qu'un comportement irréversible pour un système macroscopique est compatible avec les lois réversibles qui régissent le comportement microscopique (les lois de mouvement des particules) des composants du système. Pour effectuer ce rapprochement, Boltzmann introduisit l'élément stochastique dans la thermodynamique. Par contre, selon Prigogine et Isabelle Stengers il existe une particularité fondamentale de la thermodynamique par rapport à la dynamique classique : la thermodynamique est la science des processus (alors que la dynamique est la science des mouvements)[72]. L'irréversibilité est de fait une rupture de symétrie (il n'y a plus de symétrie temporelle : le système ne peut revenir en arrière dans son évolution au cours du temps, alors que c'est possible pour les mouvements de la mécanique classique).

---

[69] Cf. I. Prigogine (1979), p. 18.

[70] Cf. I. Prigogine (1979), p. 6.

[71] Cf. par exemple, L. Boltzmann, *Lectures on gas theory*, New York, Dover, 1995.

[72] Cf. I. Prigogine & I. Stengers (1989), p. 193.

Les structures dissipatives dont parle Prigogine sont elles aussi associées à un principe d'ordre : l'ordre par fluctuations[73]. Nous verrons brièvement ce dont il s'agit.

Si le système est stable à l'équilibre, le principe d'ordre de Boltzmann domine, même s'il existe une perturbation temporaire due à une fluctuation. Mais loin de l'équilibre thermodynamique il n'en est pas ainsi : il faut recourir à la thermodynamique non linéaire (pour les états loin de l'équilibre il n'y a plus de relations linéaires entre flux et forces qui se développent dans le système). Une fluctuation loin de l'équilibre peut s'amplifier, se maintenir dans le temps et générer une structure ordonnée. Cela survient, par exemple, lors de l'émission stimulée d'un rayon laser, une structure maintenue loin de l'équilibre par une source d'énergie externe. Dans le laser une petite fluctuation qui déclenche la chute de niveau d'un électron, entraîne la chute à l'unisson d'un grand nombre d'autres électrons et il s'ensuit une émission cohérente (de la même longueur d'onde et en phase) produite par ces sauts énergétiques coordonnés. Le rayon laser est un phénomène coopératif.

Les ondes solitoniques sont des ondes cohérentes et coopératives qui se propagent sans s'amortir, qui se traversent sans se mélanger. En cosmologie elles sont considérées comme primordiales, car nées du Big Bang initial. Mais on peut les concevoir également dans la physique ordinaire : par exemple on les a observées dans les océans, à proximité de certains détroits, comme le détroit de Gibraltar.

Parmi les divers types d'interaction entre les galaxies, il en existe certaines très particulières : ce sont les intrusions de petites galaxies compactes dans des disques stellaires, générant des ondes de densité circulaires, exactement comme le font les pierres que l'on jette à la surface d'un étang. Ces intrusions créent des galaxies particulières, qui ont été observées par les astronomes et appelées « galaxies à anneau ». ces galaxies

[73] Cf. I. Prigogine (1979), p. 81.

particulières pourraient se former également à cause d'une instabilité s'étant générée à l'intérieur d'un disque stellaire[74].

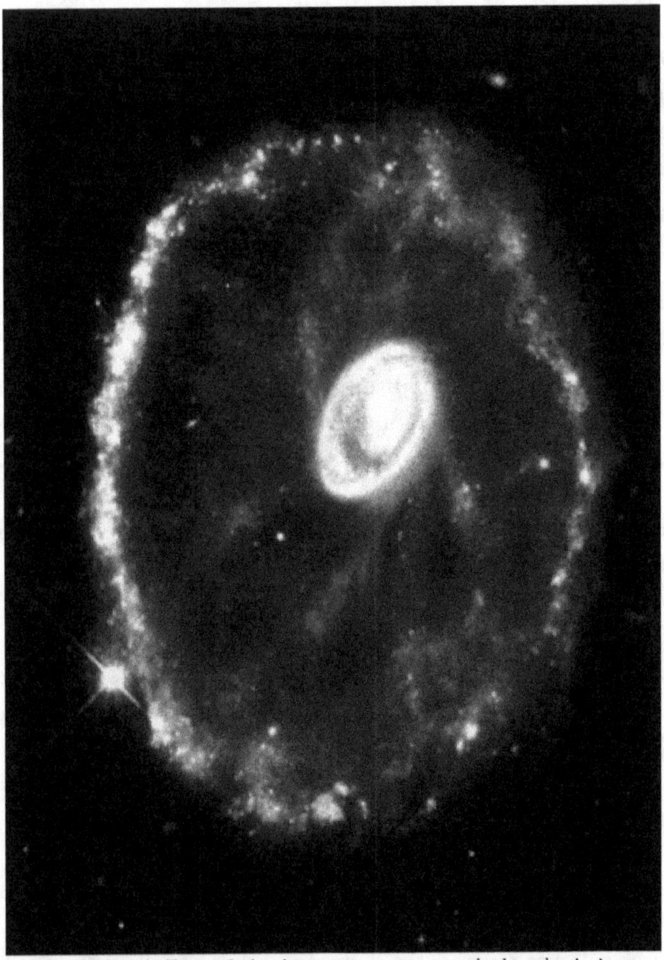

La galaxie de « la Roue de la charrette », un exemple de galaxie à anneau. Photo NASA PR9502 ST Scl OPO January 1995. HST-WFPC2

Les ondes de densité qui constituent les galaxies à anneau sont dotées de cohérence, ce sont des ondes coopératives[75].

---

74 Cf. E. Griv, *Origin of the Cartwheel Galaxy: Disk Instability?* « Astrophysics and Space Science », vol 299, n.o 4 (2005) : p.271-285.

75 Cf. A. Curir & R. Filippi, *N-body simulations of ring galaxies,* « Astronomy

C'est comme si les étoiles savaient exactement ce que font les autres, au travers de l'attraction gravitationnelle réciproque, et coopéraient, de la même manière que les gens qui participent à une « ola » dans un stade : chacun est impliqué dans ce que font les autres, du comportement de ses voisins il peut déduire ce qu'il doit faire et quand.

*Galaxie spirale M74. NASA, ESA and the Hubble Heritage Team (SC Scl/Aura)-ESA/Hubble Collaboration. HST/ACS * SC Scl-PRC07-41*

Et pour finir, les structures à barre ou à spirale que l'on trouve dans les galaxies à disque sont elles aussi dues à des

---

and Astrophysics », vol. 305 (1996) : 740-746 ; G.Bertin & N.C. Amorisco, *Density waves in the outer disk of spiral galaxies.* AIP Conference Proc. 1242 (2009), p. 141.

ondes de densité cohérentes[76]. La gravité réciproque relie les étoiles et celles-ci produisent une gigantesque « ola » en forme de spirale ; si nous diminuons l'auto gravitation dans les modèles numériques décrivant ces structures, les étoiles ne se parlent plus, les structures disparaissent dans le disque : le disque devient homogène, privé des spirales particulières nées de la cohérence. C'est comme si la coopération entre les étoiles rendait le disque moins « anonyme », avec des caractéristiques spéciales, uniques, structurées sur sa surface.

L'apparition de structures peut être vue comme une rupture de symétrie spatiale : en fait plus un système est privé de caractéristiques structurelles plus il est symétrique ; chaque élément d'un système totalement symétrique est équivalent à un autre, il n'y a pas d'emplacement et de direction spéciaux ou privilégiés. En revanche, les structures (les bras dans les disques des galaxies, les ondes dans les océans, etc.) rompent cette uniformité et donc la symétrie.

La symétrie d'ensemble d'un objet, du point de vue géométrique est l'ensemble des manœuvres exécutables laissant l'objet lui-même dans une position identique à celle d'origine. Pensons, par exemple à un triangle équilatéral, si nous le faisons pivoter de 60 degrés ou si nous le faisons basculer autour de l'une quelconque de ses trois hauteurs, il vient coïncider avec sa position initiale. En tout, le triangle équilatéral a six symétries.

Le passage d'une structure simple et indifférenciée à une structure complexe peur être reconnu comme une *rupture de symétrie*. La formation d'une structure macroscopique (les bras des spirales d'une galaxie) rompt la symétrie initiale (d'un disque homogène). Un ensemble totalement homogène et privé de structure est l'objet le plus symétrique pouvant être imaginé.

[76] Cf. W. H. Julian, *On the effect of interstellar material on stellar non circular velocities in disk galaxies*, « Astrophysical Journal », 148 (1997), p. 175.

Donc, si d'un côté, il est plus simple de décrire un objet symétrique, de l'autre, la rupture de symétrie est vitale pour la diversité, pour la multiplicité, pour la non uniformité.

La nécessité d'une rupture de symétrie dans la physique était déjà reconnue par Pierre Curie, qui disait : *C'est la dissymétrie qui crée le phénomène*[77].

Le rayon laser, comme nous l'avons déjà montré, est un exemple typique de phénomène coopératif. Le laser est un système ouvert : c'est une pompe optique, une lampe qui donne l'énergie au système. La lampe, pourtant, est une source d'énergie non cohérente. La lumière de la lampe est constituée d'actions d'émission qui ne sont pas en corrélation entre elles. Dans le tube du laser se forme une onde électromagnétique stationnaire et cohérente seulement lorsque la lampe atteint une certaine valeur critique de puissance. Donc le laser est un système ouvert maintenu dans un état stationnaire loin de l'équilibre. Il doit recevoir de l'énergie de la lampe pour pouvoir fonctionner.

Le statut d'équilibre est atteint quand on éteint la lampe : à ce moment la tout s'éteint. Mais au-delà de la condition critique, s'il advient que par une fluctuation un électron descende à un niveau d'énergie plus basse en émettant un photon, cela stimule l'émission d'un autre photon ayant la même fréquence. Ces deux photons facilitent encore plus l'émission d'un troisième et ainsi de suite ; c'est un phénomène coopératif : c'est comme si les électrons qui émettent les photons communiquaient entre eux. L'émission d'un photon est stimulée par la présence des autres. (Citons Dante : … *comme les brebis sortent de l'enclos, une, deux, trois,* […] *et ce que fait la première, les autres le font*[78].

---

[77] Cf. P. Curie, *Sur la symétrie dans les phénomènes physiques, symétrie d'un champ électrique et d'un champ magnétique*, « Journal de Physique Théorique et Appliquée » 3, 1 (1894), p. 393.

[78] Cf. Dante Alighieri, *La Divine Comédie*, Purgatoire, III, 79.

La fluctuation (la première brebis qui sort) est l'amorce du phénomène coopératif. Le passage à une lumière cohérente est une transition de phase éloignée de l'équilibre.

Mais dans le champ de la biologie, l'instauration spontanée d'un ordre spatio-temporel se rencontre dans de nombreuses situations. Par exemple dans la phénoménologie par laquelle prend naissance la forme pluricellulaire à partir d'une amibe monocellulaire vivant dans la terre : le Dictyostelium discoïdeum[79]. Quand les cellules de l'amibe, dispersées dans une certaine zone, ont épuisé la nourriture disponible, l'une d'entre elles émet un signal chimique, un jet d'adénosine monophosphate cyclique (AMPc). À l'instant ou le jet atteint les autres amibes du secteur, celles-ci émettent à leur tour un jet d'AMPc et se déplacent dans la direction de l'émettrice initiale. De cette façon, en un bref moment, toutes les cellules distribuées d'une manière chaotique sur le terrain, se regroupent et s'agrègent de manière à former un pseudo-plasmode, une forme pluricellulaire capable de se déplacer, qui ensuite se développera et se différenciera en donnant naissance à un corps fructifère. L'onde chimique qui déclenche le signal d'agrégation des cellules rappelle effectivement le phénomène d'émission stimulée sur laquelle est basé le fonctionnement du laser dont nous venons de parler.

Le problème de savoir comment survient l'auto organisation dans une structure ordonnée en biologie est encore plus important pour ceux qui s'occupent du processus qui est à l'origine de la vie sur notre planète : comment a pu s'organiser le processus cyclique par lequel se sont formés les acides nucléiques et les protéines à partir d'un système chimique homogène comme devait l'être l'océan primordial.

Les phénomènes coopératifs embrassent de nombreux phénomènes divers de la physique et de la biologie, comme

[79] Cf. par exemple W. Loomis, *The development of Dictyostelium discoïdeum*, London, Academic Press, 1982.

une métathéorie. Ils sont une clé de lecture importante dans la compréhension de l'émergence des structures naturelles.

Cette communication entre les constituants élémentaires à travers les forces de la nature (que ce soient les champs gravitationnels, magnétiques ou chimiques) qui produit de la cohérence, amène à des rôles actifs d'auto organisation et pas uniquement des comportements passifs déterminés par la force elle-même. Le phénomène coopératif fait naître l'ordre à partir du désordre, la structure à partir de l'indifférencié, la vie de la pré-vie. Pour que cela survienne, le système doit être ouvert, il doit échanger de l'énergie avec l'extérieur.

Les frontières de la physique moderne sont au nombre de trois : l'infiniment petit, l'infiniment grand et l'infiniment complexe. Les systèmes complexes, toutefois, cessent d'être compliqués quand ils montrent un comportement cohérent impliquant une organisation collective.

En présence de phénomènes coopératifs (ou cohérents), nous avons ces propriétés des systèmes qui sont appelées « propriétés émergentes ». Par exemple, le magnétisme est une propriété des systèmes (par exemple les matériaux paramagnétiques) qui ont subi la transition de phase qui les a conduits à devenir un système cohérent. Le magnétisme est une propriété émergente, comme la propriété du laser. Dans ce type de physique, l'approche linéaire et réductionniste (selon laquelle le comportement d'un système est interprétable à travers l'étude des comportements des particules individuelles qui le composent) n'a plus de sens.

Dans chacun des cas cités en exemple (laser, magnétisme, onde de densité, amibe), les groupes d'éléments qui constituent les systèmes en question cherchent un arrangement réciproque et une auto organisation qui transcende leurs individualités, et acquièrent une propriété collective qu'ils ne possédaient pas individuellement.

Si nous utilisons le terme « structure » dans l'acception la plus large possible, dans le sens que l'absence de structure signifie uniformité totale du système, nous pouvons traiter de nombreux phénomènes différents avec ces concepts, et pas seulement en thermodynamique. Par exemple, le métabolisme, par lequel un organisme biologique se maintient dans un état loin de l'équilibre en libérant de l'énergie.

L'interprétation de Kuhn de l'évolution de la science, selon laquelle, à travers une anomalie (fluctuation ou perturbation) un nouveau paradigme (ordre d'idée) ne prend naissance que lorsque la crise du vieux paradigme est évidente (c'est-à-dire loin de l'équilibre et de la stabilité du système représenté par la communauté scientifique dans la phase « normale » de la science) nous amène à penser que le concept de « ordre par fluctuations » puisse constituer un cadre d'évolution beaucoup plus général que celui qui regarde seulement la physique ou la chimie.

Les phénomènes cognitifs peuvent donc eux aussi être liés aux problèmes de stabilité et d'auto organisation.

Esprit quantique et signifié jungien en tant que phénomènes cohérents

Notre conscience est elle un accident dû à des processus fortuits ? Certaines théories modernes[80] soutiennent qu'elle serait une propriété émergente, conséquence naturelle des lois de la nature.

La nature ne se manifeste pas seulement au niveau brut des phénomènes (qui sont directement accessibles à nos sens) mais aussi au niveau plus raffiné des lois naturelles (qui sont accessibles à l'homme à son niveau plus élevé de rationalité). On pourrait définir la conscience par la possibilité d'accéder à la nature à travers ces deux niveaux : la perception et la théorisation.

Il existe de nombreuses théories basées sur la prémisse que la Mécanique quantique puisse nous aider à obtenir cette compréhension de l'esprit (et surtout de la conscience) que la Mécanique classique ne réussit pas à nous fournir.

---

80 Cf. M. K. Samal, *Speculation, on a Unified Theory of Matter and Mind* (2001), arXiv : physics/0111035v1.

Parmi les théories quantiques de l'Esprit les plus connues, rappelons la théorie appelée « Orchestrated Objective Reduction » (Orch-OR) proposée par l'anesthésiologiste américain Stuart Hameroff et le mathématicien anglais Roger Penrose. Ce modèle implique une forme spécifique de computation quantique au niveau des synapses des neurones cérébraux.

Cette opération quantique se déroule dans des structures internes aux neurones, appelées microtubules.

À ce propos, il faut tout d'abord dire que le cerveau humain est constitué de millions de neurones (le neurone est la cellule fondamentale du système nerveux, il est relié par les synapses aux autres neurones), chacun de ces neurones contenant une centaine de microtubules. Ces derniers sont eux-mêmes composés d'éléments encore plus petits de nature protéique, appelés tubulines.

Durant les années 1970 et 1980 Hameroff montra que les microtubules organisent des formes et des fonctions neuronales et que les microtubules de chaque neurone ont des capacités de calcul. Les opérations neuronales au niveau synaptique sont à leur tour régulées par ces opérations internes aux microtubules. Sur la base de cette découverte, on pouvait conclure que les chercheurs qui s'occupaient d'intelligence artificielle en cherchant à représenter les fonctions cérébrales en simulant l'activité des neurones et des synapses par l'utilisation du calcul propositionnel sur des ordinateurs de type classique ne pouvaient pas réussir. Les opérations cérébrales se produisaient en fait à une échelle beaucoup plus microscopique et donc selon une physique de type quantique.

Dans le même temps, Roger Penrose était parvenu, indépendamment et par d'autres voies, à la conclusion que les représentations informatisées de l'intelligence artificielle étaient inadéquates pour représenter la conscience. Comme nous l'avons déjà cité, dans son livre *The Emperor's new mind (L'esprit, l'ordinateur et les lois de la physique)*, il utilisa le théorème de Gödel pour en déduire que la conscience et le raisonnement humain devaient avoir un ingrédient non algorithmique et donc qui ne pouvait être représentables par la métaphore informatisée de l'intelligence artificielle.

Il est possible que cet ingrédient non algorithmique puisse être associé à des phénomènes de mécanique quantique dans notre cerveau. L'informatique quantique avait déjà été théorisée par Richard Feynman[81] dans les années 1980. L'idée sous-jacente est que l'information (donc les bits unitaires de valeur 0 ou 1, comme celle stockée dans les ordinateurs classiques) peut également être représentée avec des « qbit », des bit quantiques. Chaque qbit peut avoir en même temps les valeurs 0 et 1 (le principe de contradiction aristotélicien n'est plus valable dans ce type de mode de calcul !)

À ce moment-là Hameroff suggéra à Penrose que les microtubules pourraient bien être les ordinateurs quantiques agissant dans notre cerveau.

D'après Penrose et Hameroff[82] le passage chez l'homme, de l'état de pré-conscience à celui de conscience correspond au moment où, à l'intérieur des microtubules, est atteint l'état d' « excitation cohérente » maximale. Comme les électrons du laser (qui, au-delà du seuil critique, descendent d'un niveau à l'unisson en produisant tous une émission de même fréquence et donnent lieu à une émission lumineuse cohérente), les états quantiques présents dans les microtubules cérébraux atteindraient une valeur seuil de cohérence et, par suite d'effets gravitationnels, réagiraient en bloc d'une manière orchestrée.

Cherchons maintenant d'expliquer le plus simplement possible comment peut se produire un tel processus.

Dans la mécanique quantique, les particules sont décrites au moyen des fonctions d'onde. Ce sont des ondes de probabilité qui décrivent les états possibles – de position et de

---

81 Cf. R. Feynman, *Simulating Physics with Computers,* « International Journal of Theoretical Physics », 21 (1982), pp. 467-488.

82 Cf. R. Penrose & S. Hameroff (2011), p. 234.

mouvement – qu'une particule peut avoir. Une fonction d'onde peut être comme une superposition de plusieurs états possibles. On parle de collapsus de la fonction d'onde lorsque celle-ci se réduit à un seul de ces états (en fait on parle aussi de *réduction* du paquet d'onde) par suite de l'interaction avec l'observateur externe, c'est-à-dire quand l'observable devient observé et donc doit correspondre à une seule réalité et non à toutes celles possibles. En substance, c'est la condensation des multiples possibilités existantes dans une fonction d'onde probabiliste en une seule occurrence : ce que voit l'observateur. On connaît le paradoxe du « chat de Schrödinger » où coexistent dans une chambre un chat mort et vivant à la fois, parce que la vie et la mort du chat dépendent d'une transition quantique (par exemple le changement d'état d'un atome) qui déclenche l'émission du poison dans la pièce… la transition peut se produire, ou non, parce que les deux possibilités (changement d'état ou pas) sont contenues dans la fonction d'onde (et donc le chat mort et le chat vivant coexistent) mais la réalité que nous découvrons en tant qu'observateurs en ouvrant la porte de la pièce fait « collapser » la fonction d'onde parce que nous ne pouvons voir le chat que dans un seul des deux états (vivant ou mort).

Cependant Penrose soutient[83] que l'on peut concevoir une « réduction objective » du paquet d'onde et non uniquement la réduction subjective (car étant liée à un observateur) dont nous venons de parler. Une telle réduction, ou collapsus de la fonction d'onde serait due à l'influence de la gravitation[84] et

[83] Cf. R. Penrose & S. Hameroff (2011), p. 235.

[84] La force de gravité est de très loin la plus faible des quatre interactions fondamentales. Mais à distance macroscopique elle devient la force dominante. Toutefois elle peut être importante aussi à une échelle ultramicroscopique. La théorie de la Relativité Générale qui décrit la gravitation prévoit en fait l'existence de zones de l'univers de dimensions microscopiques mais avec une quantité d'énergie très élevée. Par exemple, l'Univers tout de suite après le Big Bang : les effets de la gravité quantique y sont essentiels pour en expliquer

donc ce processus peut être entièrement mis en forme en utilisant l'intégration de la mécanique quantique dans la théorie de la relativité générale qui décrit l'action gravitationnelle.

Cette idée de la réduction objective est fondamentale pour sa théorie de la conscience, qui suppose, comme nous verrons, une réduction objective orchestrée à l'intérieur des neurones cérébraux.

Hameroff a étudié longuement les interactions coopératives entre les tubulines et comment les microtubules pourraient être d'excellents ordinateurs quantiques.

La réduction objective (OR), qui n'a pas besoin d'un observateur externe pour se manifester, se produit lors d'un collapsus de la superposition des états quantiques au-delà d'un seuil critique de temps/masse/énergie. Ce collapsus donne lieu au résultat final de l'ordinateur quantique. Quand deux systèmes quantiques ont interagi, ils demeurent couplés lors de leur évolution future, donc quand la fonction d'onde d'un système collapse, la fonction d'onde du système qui lui est couplé collapse aussi, indépendamment de la distance le séparant du système avec lequel il a interagi (cette propriété quantique est appelée *entaglement*, ou corrélation quantique). Quand il y a instauration d'un phénomène coopératif comme dans le laser, de nombreux états quantiques collapsent à l'unisson et puisque le résultat d'un de ces collapsus (OR) est un événement instantané « maintenant », une séquence de tels événements crée l'enregistrement d'un flux temporel d'événements et un flux de conscience. Cela se produit dans chaque microtubule. Les protéines qui relient les différents microtubules établissent une connexion entre ces événements en les « orchestrant ». Et voilà en fait l'hypothèse orch-OR : réduction objective orchestrée, un processus quantique hautement cohérent et à grande échelle dans notre cerveau qui serait à l'origine de notre état de conscience.

---

l'évolution.

Si nous reprenons la définition de propriété émergente que nous avons introduite pour les systèmes cohérents et considérons cette nouvelle définition de la conscience comme phénomène cohérent, nous en arrivons à l'hypothèse de l'Esprit comme « propriété émergente du cerveau ».

La plus grande partie de l'activité cérébrale est inconsciente : la partie consciente est comme la partie émergée d'un iceberg. Toutefois on ne peut pas dire que la « partie consciente du cerveau » existe dans une zone précise de celui-ci. Les neurones peuvent en fait être inconscients à un instant donné et avoir une activité consciente l'instant successif. La transition entre un état et l'autre est l' « Orch-OR ». Ceci implique que les activités pré-conscientes ou inconscientes – nos rêves – sont, du point de vue de l'information quantique, des superpositions de plusieurs états possibles, de possibilités multiples, parce que pour ces états la réduction à un seul état n'a pas eu lieu. Nous devrons nous en souvenir quand nous arriverons à la description du monde inconscient que fait Ignacio Matte Blanco : un monde où le principe de contradiction n'est pas valable, comme pour les qbits !

La conscience naît donc elle aussi d'un processus d'auto-organisation.

Les phénomènes de cohérence quantique, en plus de donner une explication rationnelle des dynamiques des processus cérébraux, rendraient compte aussi de ce que Penrose appelle *aspect holistique* de l'esprit. Selon cette idée le processus conscient ne peut jamais être le fruit de l'activation d'une seule partie du cerveau mais doit découler de l'action concertée d'un grand nombre de zones. L' « oscillation orchestrée » cohérente à l'intérieur des microtubules, pourvoirait à cette liaison globale essentielle à la manifestation de l'acte mental[85].

---

[85] Cf. R. Penrose, *The Large, the Small and the Human Mind,* Malcolm Longair ed., Cambridge, Cambridge University Press, 2000, p.132 133.

Une des implications de ce modèle est que la conscience soit une suite d'événements discrets. Pourtant, notre expérience de la conscience subjective est celle d'un écoulement ininterrompu, analogue à la perception continue d'un film, bien que celui-ci soit constitué d'une série de photogrammes. Toutefois chaque événement conscient (chaque photogramme) est une observation intrinsèque, avec une énergie variable ; d'après la formule quantique $E= \hbar/t$ où $\hbar$ est la constante de Planck, les événements de la conscience avec la fréquence la plus élevée correspondent à des énergies plus élevées et donc à une plus forte intensité de l'expérience. Il existe donc un spectre énergétique des événements de la conscience, comme il existe un spectre lumineux.

Comme nous l'avons déjà dit, Penrose soutient que beaucoup de nos processus cognitifs ne sont pas algorithmiques. Quand nous « démontrons un théorème », nous traduisons seulement, en termes de logique classique, ce que nous avons réellement calculé durant l'état inconscient durant lequel nous agissons comme ordinateurs quantiques.

La conscience, mais aussi une idée neuve, naissent donc d'une liaison globale, nous dit Penrose[86], d'une coordination, d'une structure cohérente qui se crée quand les éléments qui se « parlent » entre eux se coordonnent (la gravitation fait se communiquer les étoiles dans les galaxies, le champ magnétique les atomes d'un système ferromagnétique, le champ électrique collectif du laser les électrons qui forment l'onde cohérente, etc.).

---

86 Cf. R. Penrose, *The Large, the Small and the Human Mind,* Malcolm Longair ed., Cambridge, Cambridge University Press, 2000, p. 133.

Alignement des dipôles magnétiques isolés en présence d'un important champ magnétique externe.

Hofstadter affirme :

> Je suis convaincu que l'explication des phénomènes « émergents » dans le cerveau, par exemple : idées, espérance, images, analogies et enfin conscience et libre arbitre, est basée sur un certain type de Boucle Étrange : une interaction entre les niveaux dans laquelle le niveau le plus haut revient en arrière pour rejoindre le niveau le plus bas et l'influencer, et dans le même temps est déterminé par celui-ci. En d'autre termes il y a une « résonance » entre les divers niveaux qui s'auto renforce[87].

Le point de vue de Francisco Varela (1992) à ce propos est lui aussi très intéressant : partant de l'étude des mécanismes cérébraux, il montre que l'acquisition de la connaissance ne dérive pas d'une analyse de l'expérience appliquée a posteriori, mais serait en réalité *incorporée* (*embodied*) (survenons-nous de la pré-cognition bionienne), puisque la cognition est fondée sur l'activité de l'organisme entier.

Le problème de la conscience est lié aussi à celui du libre arbitre individuel. Qu'en serait-il de nos choix si on pouvait les traduire sous forme d'automatismes ? Varela répond à cette demande en démontrant comment chacun de nous crée

---

[87] Cf. D. Hofstadter, *Gödel, Escher e Bach : un eterna ghirlanda brillante,* Adelphi, Milano, 1984, p. 768.

son propre comportement et ses propres réponses aux situations, en étudiant les petits moments de relâchement pendant lesquels un individu décide comment faire au mieux dans l'instant suivant en utilisant ses propres ressources. L'activité cognitive a lieu durant cette sorte de vide, d'« *intermezzo* » qui précède le choix du comportement : les mécanismes cérébraux utilisés pour le choix sont régulés par un dialogue très rapide entre les unités du cerveau, tout cela restant imperceptible à la conscience.

Citons Varela :

> [...] ces oscillations entre les relâchements peuvent être vues comme les symptômes de compétitions et de collaborations réciproques entre les divers agents activés par la situation du moment, et en conflit entre eux pour l'affirmation des divers modes d'interprétation d'un cadre cognitif cohérent [...] En d'autres termes, durant le relâchement qui précède la manifestation du micromonde suivant, il existe une myriade de possibilités disponibles jusqu'à ce qu'une d'elles, correspondant à la situation, ne soit sélectionnée[88].

Cette hypothèse de Varela nous ramène évidemment à l'idée de Penrose sur la réduction de la fonction d'onde ! Dans le micromonde de notre esprit il existe une myriade de possibilités disponibles, comme une fonction d'onde quantique qui est une superposition de états possibles. Le choix d'un des comportements possibles fait penser à la réduction de la fonction d'onde.

Pour le philosophe John Searle, lui aussi, il existe une lacune entre les raisons qui poussent à une décision et la décision qui est effectivement prise.

> La lacune est une caractéristique de la conscience humaine. C'est cette caractéristique des actions volontaires à laquelle les actions ont recours, n'ayant pas les conditions causales psychologiques suffisantes

---

[88] Cf. F. Varela (1992), p. 57.

> pour les déterminer. Cela fait partie de ce qu'on veut dire quand on affirme être libre, au moins psychologiquement[89].

D'après les disciples de Jung, pour lui :

> Trouver le sens de sa propre vie, c'est-à-dire le sens réel de l'existence humaine demande la coordination de ses propres souvenirs, morceau par morceau, avec les événements extérieurs importants, jusqu'à ce que se révèle un sens de son propre territoire archétypal, et à travers celui-ci une raison d'exister qui nous relie à un signifié historique et universel[90].

Ces « morceaux », qui se coordonnent pour construire une structure coopérative et cohérente, exactement comme les ondes, les spirales de galaxies ou la « ola » d'un stade, nous font revenir aux mots de Poincaré sur le fait choisi, qui décrivent comment les scientifiques découvrent, sans s'y perdre, l'harmonieuse complexité du monde.

La construction intersubjective de soi comme phénomène cohérent

La construction intersubjective de la conscience de soi est une des plus récentes et passionnantes découvertes de la psychologie moderne. La connaissance de soi-même, au niveau corporel, et ensuite au niveau des émotions, du langage et de la pensée, signifie connaître depuis le tout début, un autre avec qui on est en relation[91].

L'idée d'un soi autonome, qui subsiste indépendamment avant la perception de l'autre est réfutée sur des bases scientifiques.

---

89 Cf. J. Searle (2003), p. 251.

90 Cf. B. Baker & J. Wheelwright, cit. In Betty Friedan, *L'età da inventare*, Frassinelli, Milano, 1994, p. 317.

91 Voir par exemple G. Airenti, *Intersoggettività e teoria della mente*, Bollati Boringhieri, Torino, 2003.

L'observation des primates paraît exclure que ceux-ci aient cette tendance innée à partager les expériences et les intentions qui caractérise les jeunes enfants.

Les primates sont capables de planifier leurs propres actions. Ce qui distingue les singes des enfants, ce sont les motivations : les singes interagissent uniquement pour poursuivre leur propre but ; ils n'ont aucune propension à partager les expériences et les émotions[92].

L'imitation est le mécanisme de base à travers lequel les jeunes enfants apprennent à distinguer les personnes des choses. C'est un mécanisme primaire d'apprentissage et il est donc à la base de la culture[93].

---

92 Cf. D. Premack & G. Woodruff, *Does the chimpanze have a theory of mind ?,* « Behavioral and Brain Sciences » vol. I (1978), pp. 515-526 (tr.Ital. dans *Il pensiero, gli animali e la teoria della mente,* par S. Gozzano, Editori Riuniti, Roma, 2001).

93 Andrew N. Meltzoff et M. Keith Moore, *Imitation of facial and Manual Gestures by Human Neonates,* « Science » new series vol. 198, issue 4132 (October 7, 1977), pp. 75-78

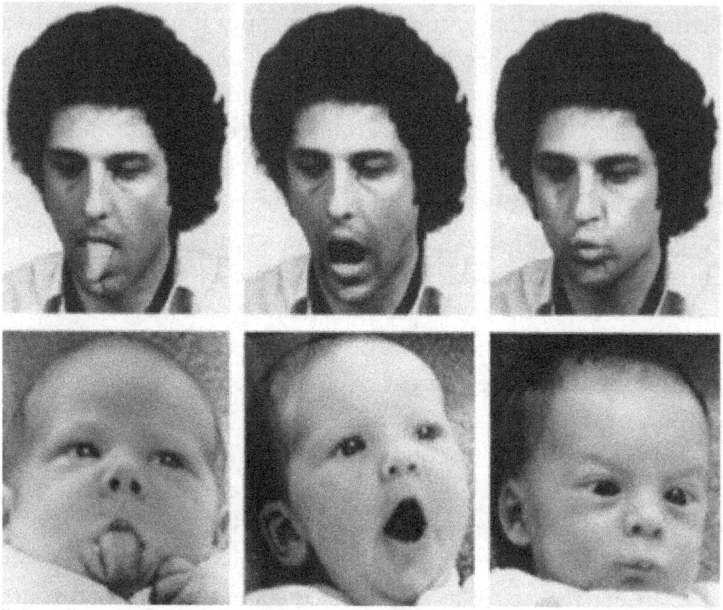

L'imitation est innée : les chercheurs en neurosciences Andrew N. Meltzoff et M. Keith Moore ont créé une révolution dans les sciences du développement de la pensée en découvrant que les nouveau-nés pouvaient déjà imiter les expressions faciales des adultes. Avant cette découverte, l'imitation faciale était placée, comme borne du développement mental, aux alentours de un an. Cette découverte ouvrit aussi de nouvelles voies à la recherche en neurosciences. Meltzoff et Moore postulèrent l'existence d'un code « intermodal » inné qui relie la perception et la production des mouvements. De A. N. Meltzoff et M. K. Moore, Imitation of Facial and Manual Gesturesby Human Neonates, *« Science », new series vol. 198, issue 4132 (October 7, 1977), pp. 75-78. Reproduit avec l'autorisation de l'American Association for the Advancement of Science.*

Le cerveau du nouveau-né réussit déjà à construire des plans moteurs (pour organiser les mouvements) déclenchés par les sensations proprioceptives (les sensations qui nous informent des mouvements de notre propre corps) qui amènent à l'imitation précoce (observée justement chez les nouveaux nés). On peut dire que ces plans moteurs représentent le premier point de rencontre entre le physique et le mental. L'imitation, en fait, se base sur la capacité de l'enfant à enregistrer (à travers les neurones miroir[94] qui sont à la base des processus imitatifs) l'analogie entre les modifications du corps qu'il voit et celles de son propre corps. Ce pourrait donc être notre connaissance primaire du corps qui nous conduit à connaître l'esprit : savoir que nous vivons dans un corps semblable à celui des autres et assumer que les autres partagent nos états proprioceptifs internes peut constituer le début de la présomption que les autres partagent aussi des états mentaux plus abstraits. C'est l'inverse de la vision platonicienne : on part du corps pour connaître l'esprit. Le monde des idées devient une propriété émergente du corps.

En élargissant ce discours de la reconnaissance de l'autre à travers l'imitation à l'instauration d'un véritable lien affectif, nous en venons à ce qu'affirme Vittorio Guidano :

> comme si l'unicité et l'exclusivité des liens affectifs précoces semble être une qualité requise nécessaire pour percevoir un monde dans lequel reconnaître sa propre existence, même au cours de sa vie adulte - même si c'est à un autre niveau d'abstraction- construire une relation exclusive avec une personne significative représente une modalité de base pour pouvoir percevoir un sens d'unicité et d'individualité consistant avec sa propre perception du monde[95].

Et Aldo Carotenuto :

> le fait est que nous avons besoin d'un lien : il est notre vraie force en ce qu'il représente une barrière presque unique contre les éléments destructifs de la vie, éléments que la solitude rend souvent pathologiques. Le lien nous maintient en vie : même un seul lien significatif peut nous rendre plus tolérable une souffrance insupportable, de même que seule une joie

[94] On verra par exemple V. Gallese, *Dai neuroni specchio alla consonanza intenzionale, meccanismi neurofisiologici dell'intersoggettività*, « Rivista di Psicoanalisi » LIII, 1 (2003), p. 197.

[95] Cf. Guidano (2005), p. 141.

> partagée est une vraie joie. Comme le nouveau né qui meurt s'il n'est pas l'objet d'attention, l'adulte, s'il traverse des moments importants de sa vie sans être protégé par un autre se sent mourir[96].

L'autre, notre objet d'amour, se sent l'interprète de notre façon d'être.

Mais si le besoin de partage avec autrui est donc si primaire, uniquement chez l'homme, si reconnaître le corps et l'esprit des autres est ce qui permet notre développement individuel et ensuite social, notre culture, notre histoire, si le lien affectif avec l'autre est fondateur et nécessaire, pourquoi nos rapports adultes peuvent-ils être si douloureux, pourquoi l'empathie est elle si faible, pourquoi la solidarité et l'amour gratuit ont du mal à se faire de la place dans les dynamiques destructives des relations, dans l'égocentrisme de certaines personnalités qui se structurent chez l'adulte ?

D'après le cognitivisme moderne, le progrès de la connaissance de soi est comparable au travail du scientifique : il procède par hypothèses et réfutations.

C'est surtout la prise en compte de l'erreur, la réfutation qui suit l'hypothèse, qui fait avancer la connaissance scientifique, comme nous l'a expliqué Popper. Lors de l'élaboration de la connaissance de soi, les réfutations des conjectures sur ce que nous sommes et ce que nous devons attendre des autres ont plus de valeur cognitive que les confirmations.

Et donc qu'est ce qui fait changer cet enfant enthousiaste, ouvert au monde, qui veut se montrer pour partager, avant même de parler, qui tend les bras vers sa mère puis vers les autres avec confiance et avec l'élan d'un petit scientifique vers le partage des connaissances ?

Quelles réfutations porteront cet enfant à mettre sur pied, une fois adulte, des rapports cruels, aveuglement narcissiques, ou bien faux et névrotiques ? Pourquoi, une fois citoyen sera-

96 Cf. A. Carotenuto (2001), p. 144.

t-il égoïste et privé de solidarité, ou homme de pouvoir deviendra-t-il sans pitié ?

Pourquoi, pour citer à nouveau Dante, cette petite aire nous rend féroces[97] ?

Il y a encore tant de choses à découvrir dans ces aspects, et nous rejoignons les domaines de la psychanalyse, de la psychologie cognitiviste. Les théories cognitivistes qui interprètent le risque de névroses et de psychoses de l'adulte en termes de modèles opératifs internes dérivés de modèles d'attachement incertain ou désorganisé, nous ont déjà ouvert un nouvel univers fascinant à explorer et à traiter.

À la frontière des Théories de l'Esprit, Luigia Camaioni (1995) nous suggère que la recherche sur d'autres états mentaux différents des croyances, est actuellement plutôt limitée, mais devrait devenir un secteur en forte expansion : on parle ici des aspects socio-affectifs de la compréhension de l'esprit humain, sur l'importance de la relier avec la compréhension des émotions et des relations primaires.

Ainsi donc, comprendre le rôle des émotions, de l'interpénétration entre les émotions et la conscience (ndt : au sens de connaissance, traduction de *consapevolezza*), sera un apport important dans la compréhension des pathologies mentales et dynamiques sociales.

Vittorio Gallese, lui aussi, dans ses études (2003), met en évidence comme l'objet principal de l'imitation infantile se trouve être le comportement affectif de l'autre, comment l'esprit humain commence à exister en tant qu'esprit partagé. Au début de la vie, les relations interpersonnelles sont établies dans un « espace nous-centrique » primitif. Les nouveaux nés partagent cet espace avec ceux qui prennent soin d'eux, en priorité la mère. L'espace physique occupé par le corps de la mère est rattaché au corps du bébé pour former un espace partagé qui devient peu à peu plus riche et complexe au cours

---

[97] Cf. Dante Alighieri, *La Divine Comédie, Paradis,* XXII, 151.

du développement à travers les relations interpersonnelles. La recherche empirique dans les neurosciences et la psychologie du développement apporte un nouvel éclairage sur l'intersubjectivité qui devient un aspect crucial de la condition humaine.

Ce qui nous ramène à Bion qui décrit la rêverie maternelle comme le contenant des éléments de pensée qui peuvent être transformés et utilisés plus tard par l'enfant pour construire son appareil psychique. Déjà Bion parlait d'esprit partagé entre le nourrisson et la mère, d'introjection de l'esprit maternel comme appareil de pensée[98] : pour lui aussi le partage et l'intersubjectivité sont cruciaux pour le développement d'un esprit sain.

Dans toute relation humaine, il y aurait une induction automatique de ce que l'autre ressent. Au fond, ce qui est vraiment thérapeutique dans la relation avec le psychanalyste, n'est pas tant le reflet fidèle rendu au patient, mais que l'analyste lui restitue quelque chose de semblable à ce qu'il éprouve, quelque chose qui est en réalité modifié (et bonifié, grâce à la rêverie).

Dans le reflet et le partage nécessaires à la formation d'une cohésion du soi nous trouvons les traces d'un système coopératif cohérent qui se forme à travers la communication. À la métaphore du système coopératif qui rompt la symétrie spatiale pour former un soi, une identité, ajoutons aussi que la rupture de la symétrie temporelle, de la flèche du temps est elle aussi indispensable, pour que le soi se structure correctement.

Jérôme Bruner, dans ses études sur la naissance de la communication chez les enfants[99], formule l'hypothèse que la construction de narrations ait la fonction de structurer le monde intérieur de l'enfant en distinguant actions, affects et représentations, donnant forme à son soi en rapport avec le monde. La flèche du temps de la narration rompt la symétrie

98 Cf. A. Meotti (1981), p. 415.
99 Cf. J. Bruner (2001), p. 132.

de l'inconscient et donne lieu à la logique asymétrique de la connaissance consciente.

L'enfant a le besoin d'expliquer les faits qu'il voit dans son monde, de les situer dans le temps, d'établir des relations de priorité et de causalité. Le signifié est produit par la narrativité. Il en est de même de la construction du soi.

Au fond nous vivons nous-mêmes dans les identités narratives que nous développons en parlant les uns aux autres.

Comme les caractéristiques des bras des galaxies spirales définissent leurs diverses morphologies, l'identité, la caractéristique de la structure du soi de chacun de nous, naît d'une rupture de symétrie dans l'espace et dans le temps. Le fait que notre conscience soit unique provient d'un processus cohérent qui rompt une symétrie.

La rupture de symétrie (temporelle, spatiale et logique)

Nous avons vu deux types de rupture de symétrie : temporelle (liée à la flèche du temps) et spatiale (liée à la formation de structures).

La rupture de la symétrie, comme nous l'avons déjà vu, préside aux transitions de phase, à la structuration des phénomènes coopératifs. Les structures ordonnées qui émergent du magma indistinct d'un désordre amorphe (les bras des galaxies d'un disque homogène, l'alignement des spins du champ magnétique d'un ensemble de spins orientés au hasard, l'organisme multicellulaire de cellules éparses) présentent une asymétrie majeure par rapport à l'état homogène et désorganisé dont elles émergent.

J'ajouterai une chose : une rupture de symétrie de ce type peut être symbolisée comme étant un « choix ». Pensons à la magnétisation d'un matériau paramagnétique : toutes les directions des spins des atomes s'orientent collectivement dans une direction spécifique, mais laquelle ? Elle dépend de la direction du champ magnétique externe dans lequel nous plongeons le matériau. Avant cela, les spins étaient tous orientés au hasard. La rupture de symétrie se traduit par un

« choix » de direction. Comme dans la formation d'une structure à bras de spirale sur un disque galactique homogène il y a un « choix » de structure dû à la perturbation initiale ayant déclenché le phénomène collectif. Un exemple simple qui est souvent proposé pour décrire une rupture de symétrie est celle d'une table ronde où sont disposées des assiettes et des serviettes de table (se suivant tout autour de la table). La séquence homogène assiette-serviette-assiette des objets voisins ne permet pas de savoir si un convive doit choisir la serviette à droite ou celle à gauche de son assiette. Les deux serviettes « sont équivalentes » (et symétriques). Quand un des convives choisit la serviette de droite, tous les autres convives de la table sont contraints de le suivre dans son choix : le choix a rompu la symétrie spatiale et a déclenché un phénomène cohérent (tous les convives font la même chose).

Pouvons nous aller jusqu'à penser que notre conscience est produite par un processus collectif des neurones qui se traduit par un choix ? Que nous sommes conscients parce que nous choisissons ? Cette idée traduit aussi les concepts proposés par Varela et Searle : on sort de la lacune de Searle ou du *breakdown* de Varela par un choix conscient de l'action que nous voulons accomplir.

Et le fait qui donne soudain l'ordre et la cohérence à nos observations et nos idées scientifiques n'est il pas défini par Poincaré comme le « fait choisi » ?

Le grand mathématicien Jacques Hadamard écrit ceci :

> [...] aucune découverte importante due à une invention ne peut se vérifier sans la volonté de la trouver. Dans le cas de Poincaré [c'est-à-dire dans sa description de l'invention mathématique] nous voyons quelque chose de différent puisque l'intervention de la beauté exerce un rôle indispensable comme moyen heuristique. Nous arrivons ainsi à une double conclusion : Que l'invention

est un choix. Que ce choix est gouverné de manière impérative par le sens de la beauté scientifique[100].

Souvenons-nous également que selon Searle et Varela nos choix ou décisions sont précédés par une situation magmatique pendant laquelle de nombreuses possibilités se superposent, bien qu'elle soit très brève. Et j'ai comparé toutes ces possibilités à tous les états possibles qui se superposent dans une fonction d'onde quantique. Une telle fonction d'onde peut *se réduire* à un unique état réel lorsqu'il y a observation, lorsqu'il y a interaction avec l'extérieur.

Mais au fond, un individu lui aussi, que l'on peut voir comme une superposition d'états différents (moraux, esthétiques, cognitifs, etc.) en vient à déterminer, à focaliser certains états particuliers parmi tous ceux-ci, simplement à travers l'interaction avec l'extérieur, avec la réalité, avec les autres ! Notre structure indifférenciée acquiert ses caractéristiques propres par l'interaction avec l'extérieur : notre soi se structure (comme nous l'avons vu dans la section précédente) grâce à l'interaction avec les autres, nos choix se produisent lorsque nous nous projetons dans le monde.

Il y a un troisième type de rupture de symétrie dont je veux parler et qui sera utile pour décrire les processus mentaux, une rupture se produisant d'un point de vue logique. C'est en fait une rupture de symétrie liée à la logique aristotélicienne, et au principe de contradiction (ou une proposition est vraie, ou c'est son contraire qui est vrai). Une symétrie par rapport à ce principe logique se traduit par la coexistence d'une proposition et de sa négation. Vous vous souvenez des paradoxes ? Un paradoxe est un exemple de logique « symétrique » : dans le paradoxe du menteur qui affirme « je mens » sont contenus simultanément vérité et mensonge. (Vous vous souvenez des qbits qui contiennent simultanément 0 et 1). La logique aristotélicienne est

---

100 Cf. J. Hadamard (1945), p. 31, cité dans Penrose (1992), p. 532.

asymétrique, une symétrie dans cette logique correspondrait à la négation du principe de contradiction.

Ayant introduit ce type de symétrie logique, ayant remarqué combien l'invention scientifique est reconnue par de nombreux auteurs (Poincaré, Bion, Kuhn, Popper, Einstein) comme étant le fruit d'une élaboration inconsciente, nous pouvons maintenant affronter le traitement de l'inconscient de Ignacio Matte Blanco, qui nous propose une interprétation de ce domaine à travers les structures mathématiques : le cercle du travail de la découverte scientifique en tant qu'introspection se referme avec cet auteur.

V : Ignacio Matte Blanco, le mathématicien de l'inconscient

Résumé. Ce chapitre est entièrement consacré à Ignacio Matte Blanco et à son travail original d'analyse des propriétés de l'inconscient en utilisant les concepts mathématiques. Sa théorie fournit d'intéressantes interprétations sur la formation des processus mentaux conscients, de la logique, du langage et des émotions comme matrices du langage.

Ignacio Matte Blanco

Ignacio Matte Blanco, neuropsychiatre et psychanalyste de formation freudienne est né en 1908 à Santiago du Chili. Il vécut longtemps à Londres, où il eut la possibilité d'entrer en contact avec les théories de Mélanie Klein. En 1940 il partit pour les États Unis d'où il retourna au Chili pour y fonder la Société Psychanalytique chilienne. En 1966 il se transféra définitivement à Rome, où il enseigna longtemps. Il mourut à Rome en 1995.

Dans son œuvre il revisite la dialectique freudienne entre conscient et inconscient en utilisant une approche faisant un ample usage des fonctions mathématiques. La force de sa vision psychodynamique dérive de la rigueur des structures utilisées

Parmi ses publications les plus importantes on retiendra L'inconscio come insieme infiniti : saggio sulla bi-logica (1975), Métabolismo psichico e logica dell'inconscio (2002) et Pensare, sentire, essere : riflessioni cliniche sull'antinomia fondamentale dell'uomo e del mondo (2005)

L'introduction de son essai L'*inconscio come insiemi infiniti* a une force évocatrice importante : elle se concentre en effet sur la différence entre infini actuel et infini potentiel. Ce problème, d'une exquise nature mathématique, amène immédiatement à une contamination entre mathématiques et psychologie.

Pour expliquer la différence spécifique entre deux types d'infini, souvenons-nous du paradoxe de Zénon sur Achille et la tortue. La tortue et Achille partent ensemble pour une course ; la tortue a un léger avantage initial. Chacun peut penser que le véloce Achille pourra refaire son handicap en très peu de temps. Pourtant, si nous considérons le segment d'espace qui sépare initialement les deux coureurs comme un ensemble « infini » de petits éléments d'espace, nous arrivons au paradoxe suivant : Achille n'arrivera jamais à rattraper la tortue. C'est l'infini « potentiel » : celui qui se développe un pas après l'autre, un nombre infini de pas. Mais, Achille dépassera la tortue d'un seul bond si nous pensons au segment composé d'une infinité de petits éléments comme étant un « infini actuel », achevé : ses éléments existent à l'unisson au même instant.

D'après Matte Blanco l'infini actuel représente pour les mathématiciens ce qu'est l'inconscient pour les psychologues[1].

Matte Blanco propose son interprétation de l'inconscient freudien et des rapports conscient-inconscient en utilisant des concepts mathématiques ayant été longtemps une frontière pour les mathématiciens eux-mêmes (et même, dans une certaine mesure, un tabou : on pense aux résistances auxquelles a porté l'horreur pour l'infini dans l'analyse mathématique, ou alors à la tentative d'éliminer quelque chose de gênant, comme peut l'être la division d'un nombre par zéro, ou les points singuliers dans une variété continue…)

L'idée d'infini actuel, par exemple, n'a trouvé sa pleine légitimation qu'avec la théorie des ensembles, ce « paradis que Cantor a crée[2] ».

Matte Blanco fait un grand et riche usage des « classes d'équivalence[3] », un instrument mathématique très puissant qui a permis de reformuler la théorie des nombres cardinaux d'une manière simple et rigoureuse. Voilà une autre révolution dans le domaine des mathématiques survenue dans le « Paradis » crée par Cantor.

---

1 Cf. P. Bria (2000), p. XCI.

2 David Hilbert affirma à propos de la nouvelle théorie des ensembles : « *nul ne doit nous exclure du paradis que Cantor a crée* » ; Cf. D. Hilbert *Über das unendliche Mathematische Annalen* (1926), (trad. française citée par divers auteurs).

3 Une classe d'équivalence est un ensemble d'éléments caractérisés par une relation d'équivalence qui les lie. Une relation R entre deux éléments a et b est une relation d'équivalence si et seulement si : elle est réflexive : aRa, symétrique aRb→bRa et transitive : aRb et bRc →aRc. Un exemple de relation d'équivalence : avoir le même age. La classe d'équivalence identifiée dans cette relation est celle des gens ayant le même age, mais elle peut aussi être identifiée sur le mode abstrait avec le concept d'age en lui-même (quelque chose d'analogue à la *quidditas d'Aristote).* Ainsi par exemple le chiffre 4 est vu comme la classe d'équivalence de tous les ensembles possibles ayant 4 éléments.

Il substitue au Règne freudien de l'illogique un Univers structuré selon deux principes fondamentaux : celui de généralisation et celui de symétrie[4].

Le premier principe traite chaque chose individuelle comme appartenant à une classe plus générale (quelque chose de très semblable à une classe d'équivalence mathématique : n'oublions pas que les relations d'équivalence sont dotées de la propriété de symétrie).

Le second principe traite la relation inverse de n'importe quelle relation comme si elle était identique à celle-ci, de cela dérive que l'inconscient établit une identité entre le tout et la partie. Cette propriété est typique des ensembles infinis : il y a bijection entre l'ensemble infini et une de ses propres parties[5].

Pour Matte Blanco, dans l'inconscient toutes les relations sont symétriques, le principe de contradiction aristotélique n'y est plus en vigueur, et il n'existe ni succession temporelle ni flèche du temps : tout se déroule dans un contexte de simultanéité[6].

En fait la flèche du temps requiert une asymétrie entre l'avant et l'après et a donc à voir avec le développement d'un infini potentiel. Du point de vue scientifique, nous avons déjà vu que la flèche du temps représente l'irruption la plus

---

4 Cf. I. Matte Blanco (2000), p. 43-45.

5 Cette propriété est facilement reconnaissable avec cet exemple. L'ensemble infini des nombres pairs est un sous ensemble des nombres entiers. Il peut toutefois être mis en correspondance biunivoque avec l'ensemble des nombres entiers qui le contient à travers la relation : $n \leftrightarrow 2n$ qui fait correspondre à chaque nombre son double (donc un nombre pair). Cette bijection entre un ensemble et une de ses parties est impossible dans le cas d'un ensemble fini d'éléments (par exemple si nous avons 10 nombres entiers, nous ne pouvons pas les mettre en correspondance biunivoque avec le sous ensemble des 5 nombres pairs).

6 Voici un exemple de logique symétrique pouvant être imaginé dans un rêve : Je rêve de mon ami Pierre qui est devenu un dragon. Explication en termes de logique symétrique : J*e considère que Pierre est dangereux. Les dragons sont des êtres dangereux, donc Pierre est un dragon* (je me déplace dans la classe des « êtres dangereux »).

imposante de l'asymétrie dans la physique moderne : celle qui a marqué le développement de la thermodynamique des phénomènes irréversibles, le mot fin sur la réversibilité complète des lois de la nature.

Le principe de symétrie n'est pas seulement relié par Matte Blanco à la flèche du temps (symétrie temporelle) mais aussi à l'affaiblissement du principe de contradiction de la logique aristotélicienne : si celui-ci est enfreint, il n'est plus exact qu'une proposition et sa négation ne peuvent coexister dans une symétrie réciproque.

Matte Blanco exprime d'une façon totalement nouvelle la double nature de l'homme : la collaboration et le conflit entre dimension consciente et inconsciente : ce qui est symétrique peut être ressenti mais non pensé (parce que ce que nous pensons est dominé par la logique aristotélicienne et notre être conscient par la perception de la flèche du temps), on peut seulement en être conscient d'une manière asymétrique. De là naît la « bi-logique ».

Comme l'affirme Pietro Bria, Matte Blanco formule pour l'inconscient une logique spéciale qui le structure et qui s'oppose à la logique classique aristotélicienne, régie par le principe de contradiction[7].

D'un autre côté, la pensée occidentale toute entière a lutté pour vivre et se développer dans le respect du principe de contradiction, qui sépare une proposition de sa négation. Cette séparation induit Matte Blanco à appeler la pensée logique aristotélicienne *pensée divisante.*

L'aspect indivisible de notre être psychique, quand il est canalisé et cultivé par la pensée divisante donne lieu à des structures bi-logiques nous permettant d'étudier les niveaux profonds de notre inconscient : les structures bi-logiques expriment la présence simultanée de la logique classique et de la symétrique, des idées cartésiennes « claires et distinctes »

---

[7] Cf. P. Bria (2000), p. XLI.

(divisées par la pensée logique, scientifique) et des symboles dimensionnellement infinis qui résident dans l'inconscient.

Arrêtons-nous sur la sensation de « paradis » que Hilbert a ressentie dans le monde des ensembles infinis, des classes d'équivalence : elle traduit ce que Poincaré disait sur la sensibilité particulière qu'ont les mathématiciens à reconnaître, avec un plaisir assouvi, la beauté des structures. Cette sensation paradisiaque ne serait-elle pas reliée au fait de se sentir à l'aise dans un monde symétrique, plus lié aux intuitions de l'inconscient ?

Je voudrais citer ici Umberto Eco et son très beau livre *Vertige de la liste* :

> L'infini de l'esthétique est un sentiment subjectif de quelque chose qui nous dépasse, c'est un état émotif, […] l'infini actuel est fait d'objets, certes dénombrables mais que nous ne réussissons pas à dénombrer et nous craignons que leur numérotage ne puisse jamais s'arrêter. Lorsque Kant ressent le sentiment du sublime admirant le ciel étoilé au-dessus de lui il éprouve la sensation que ce qu'il voit va plus loin que sa sensibilité […] un infini que non seulement nos sens ne réussissent pas à saisir mais que même notre imagination ne réussit à embrasser en une unique intuition. Et de là un plaisir troublé, qui nous fait sentir la grandeur de notre subjectivité, capable de vouloir quelque chose que nous ne pouvons avoir[8].

Matte Blanco aboutit à son idée de connaissance émotionnelle, qui a des caractéristiques bien diverses de celles suggérées par le cognitivisme moderne, parce qu'elle est indissolublement liée à la logique de l'inconscient.

Les traits typiques de la connaissance émotionnelle sont[9] :

- généralisation des propriétés de l'objet ;
- maximisation de la grandeur de certaines caractéristiques ;

---

[8] Cf. U. Eco, *Vertige de la liste*, Flammarion, Paris, 2009, pp. 15-17.

[9] Cf. I. Matte Blanco (2000), p. 269.

- irradiation de l'objet concret à tous les autres objets représentés par lui (identification symétrique de l'objet avec la classe).

L'infini lié à l'inconscient est le cœur de la psychanalyse : la dialectique conscient-inconscient devient dialectique entre fini et infini. C'est une dialectique qui avait déjà été pressentie par Héraclite et par les Éléates (on pense à la dialectique entre infini actuel et potentiel contenue dans le paradoxe d'Achille et la tortue).

Le psychique bi-logique se structure en plusieurs niveaux, où les niveaux plus superficiels sont les plus asymétriques. Dans la dialectique entre ces niveaux, que nous pouvons imaginer comme des couches superposées, on peut ranger l'interprétation des psychopathologies et les processus de régulation des émotions. Les couches peuvent en fait coopérer en un mode harmonique et adaptatif ou bien avoir une dialectique conflictuelle.

Sur la même base bi-logique est introduit le concept de double enregistrement de l'objet par notre esprit : comme simple objet concret ou comme classe à laquelle il appartient. Un tel enregistrement en double reflète l'antinomie fondamentale de la psyché qui recherche en même temps l'objet concret et individuel mais aussi la classe entière. En outre, ce type d'enregistrement peut être relié à la recatégorisation cognitive des émotions[10] dont parle Giovanni Liotti.

---

[10] D'après Liotti : « les émotions sont des catégories perceptives dotées de valeur et de sens évolutionniste ; leur recatégorisation cognitive explicite au cours du développement socio-cognitif de l'individu sera adéquate si elle reconnaît la valeur évolutionniste et la causalité d'une émotion donnée, inadéquate si elle ne la reconnaît pas (invalidation émotionnelle). Une recatégorisation cognitive adéquate est la promesse de pouvoir réguler les émotions » ; cf ; G. Liotti (2005), p.114. Il est intéressant de souligner que ces théories modernes cognitives de catégorisation des émotions ont von Hayek comme précurseur (dans L'*ordre sensoriel*) pour qui « l'ordre que l'esprit confère à l'expérience sensible, est dû à des normes méta-conscientes

Le double enregistrement peut mener à la rupture de l'antithèse interne-externe, rupture qui, selon Bria[11], peut être mise en relation avec la catastrophe bionienne : la symétrisation de la relation contenant/contenu.

D'après Matte Blanco, l'homme a cherché à enfermer le concept d'infini en utilisant des catégories asymétriques, en le pensant comme infiniment divisible (l'infini potentiel du paradoxe de Zénon). La philosophie grecque, à l'exception de Zénon et des Éléates, a refusé l'idée de l'infini actuel pour légitimer seulement le potentiel[12], à cause de la difficulté qu'éprouve la conscience finie à contenir l'indivisible infini actuel. Et ce n'est qu'avec Galilée, le père de la science moderne, que semble apparaître l'intuition de l'ambiguïté entre infini potentiel et actuel : l'infini est impensable, ou du moins difficile à imaginer[13].

L'intuition de la correspondance entre le tout et la partie dans les ensembles infinis sera formalisée de manière rigoureuse par Dedekind dans l'arithmétique du transfini. Et ce n'est vraiment qu'à la fin du 19e siècle, avec Cantor et Dedekind, que survient le passage à l'infini actuel à l'intérieur de la théorie des ensembles.

---

et pré-sensorielles, fruit de l'expérience passée de l'individu et de l'espèce, qui nous fournissent les "catégories" dans lesquelles peut se ranger l'expérience sensorielle » ; cf. F. von Hayek (1990).

11 Cf. P. Bria (2000), p. LXXVIII.

12 Aristote affirmait : « le nombre est infini en puissance mais non en acte ».

13 D'après Galilée : « l'infini, par lui-même, nous est incompréhensible, de même que les indivisibles : mais pensez à ce qu'ils feront une fois mis ensemble ; pourtant si nous voulons créer la ligne à partir de points indivisibles, il les faudra infinis ; et donc nous devons appréhender en même temps l'infini et l'indivisible… Ce sont là les difficultés qui dérivent du discours que nous faisons avec notre intellect fini à l'intérieur des infinis en leur donnant les attributs que nous donnons aux choses finies et terminées » ; cf. Galilée-Salviati dans *Discorsi e dimostrazioni matematiche intorno a due nuove scienze*, Giornata I, in Galilée, Opere, UTET (1998) trad. de l'auteur.

La bijection entre un ensemble infini et une de ses parties ouvre la porte à la bi-logique, dans laquelle sont violées les règles de la pensée finitaire.

Le problème est donc : comment se déploie l'infini (de l'inconscient, de la mathématique), comment penser l'infini indivisible, actuel : en cela les structures mathématiques peuvent aider les psychologues.

En fait, dit Matte Blanco :

> [...] nous pouvons mieux voir la psychanalyse avec l'aide de la mathématique et aussi mieux y voir en mathématique avec ce que nous avons appris en psychanalyse[14].

Si nous sortons du domaine des sciences au sens strict, nous pouvons observer que la propriété d'identité entre la partie et le tout appartient à un type de pensée qui est familier depuis longtemps dans la culture occidentale. Citons par exemple les philosophes aristotélo-tomistes qui soutiennent que toute l'âme se trouve dans la totalité du corps mais aussi dans chacune de ses parties, ou la même assertion faite en ce qui concerne la présence du Christ dans chaque morceau de l'hostie consacrée.

À l'aide du principe de généralisation et du principe de symétrie, il est possible de voir l'intime connexion qu'il y a entre les cinq caractéristiques de l'inconscient dont parle Freud : absence de temps[15], déplacement, remplacement de la réalité externe par celle psychique, absence de contradiction mutuelle et condensation, absence de négation. Ces caractéristiques deviennent toutes des propriétés naturelles à l'intérieur d'une classe de symétrie : l'objet et la classe sont une même chose, voilà pour la condensation ; mais on peut se déplacer d'un objet à l'autre à l'intérieur d'une classe, en

---

[14] Cf. I. Matte Blanco (2000), p. 333.

[15] D'après Matte Blanco, Freud fut le premier à découvrir l'atemporalité de l'inconscient, mais cette découverte importante ne fut jamais mise en valeur ; cf. S. Freud, Formulations sur les deux principes de l'advenir psychique, *Œuvres complètes*, vol XI, PUF, Paris 1989.

obtenant un « déplacement » entre les symboles (ce qui survient typiquement lorsque nous rêvons d'un objet qui représente autre chose : les deux objets appartiennent à la même classe inconsciente), en plus la classe existe avec tous ses objets à l'unisson, pas besoin de temps pour la parcourir (absence de temps), le principe de contradiction n'est pas valable ; et enfin la classe se substitue à la réalité externe en la généralisant.

Matte Blanco est arrivé à la formulation des deux principes (généralisation et symétrie) en observant la pensée schizophrénique, et en notant comment celle-ci était une application particulière des caractéristiques du système inconscient.

Selon Matte Blanco, donc, ce conflit déchirant, évident chez les schizophrènes, consistant à nier le principe de contradiction et à l'affirmer dans le même temps, on peut le trouver aussi chez les gens normaux, dans leur ambivalence affective : les images maternelle et paternelle, par exemple, sont ressenties dans un certain sens comme extrêmement bonnes et extrêmement mauvaises. Dieu est aussi ressenti de la même façon : dans certaines conceptions religieuses primitives Dieu est considéré comme faisant à la fois le bien et le mal, et c'est seulement dans des conceptions plus développées que la part du mal (le Diable) est séparée de la notion de Dieu (rappelons ici que, dans la religion chrétienne le Diable dépend de Dieu et donc en est aussi une partie).

Certains nient l'existence de Dieu en se basant justement sur le fait que dans le monde existent le bien et le mal ; au fond, ceux-là veulent éviter que le bien et le mal puissent coexister chez la même personne. En substance, de leur point de vue logique, accepter Dieu signifierait refuser le principe de contradiction (voir à ce sujet certaines preuves ontologiques ou purement logiques de l'existence de Dieu[16]).

---

[16] Notons que toutes les preuves ontologiques de l'existence de Dieu, de Saint Anselme à Gödel se basaient exclusivement et d'une manière asymétrique sur ses propriétés positives, en ne considérant

Kurt Gödel lui-même, pourtant connu pour son extrême logique a effleuré la problématique « symétrique / asymétrique, infini / fini » : sa démonstration de l'incomplétude de la Mathématique (dont nous avons déjà parlé dans les chapitres précédents) peut être vue en fait comme un signe de la limitation de la logique asymétrique.

Il était convaincu de l'irréductibilité de l'esprit au seul cerveau. En 1965, il publia la réfutation d'un argument utilisé par Alan Turing pour soutenir que l'esprit est une machine en se basant sur le fait que le cerveau a un nombre fini d'états. Gödel y dit à ce propos :

> Cet argument n'est pas concluant. Turing néglige complètement le fait que l'esprit lors de ses manifestations n'est pas statique mais en développement continuel, ce qui revient à dire que nous comprenons les termes abstraits avec toujours plus de précision au fur et à mesure que nous les utilisons et qu'un nombre toujours plus important de termes abstraits entre dans la sphère de notre compréhension. Il est possible qu'existent des méthodes systématiques pour actualiser ce développement, qui pourraient faire partie de la procédure. Donc même si à chaque stade le nombre et la qualité des termes abstraits nous étant disponibles peur être fini, l'un et l'autre peuvent tendre

---

absolument pas leurs contreparties symétriques négatives. Piergiorgio Odifreddi fait la liste des hypothèses restées cachées dans la preuve ontologique de Saint Anselme :

1) La possibilité de définir en quelque mode l'essence de Dieu ;
2) Une analogie supposée entre le monde des sens et celui de l'intellect. En particulier le principe de non contradiction aristotélicien, sur lequel se fonde la preuve entière, peut être évident pour les objets sensibles, mais ne l'est pas du tout pour les propriétés des concepts ;
3) Enfin un passage de l'intellect au monde des sens, donc d'un concept à l'existence.

Cf. P. Odifreddi (2006), p. 80.

vers l'infini dans le cours de l'application de la procédure[17].

Dans la logique symétrique, une proposition coexiste avec sa négation et un objet avec sa propre classe. En d'autres termes, derrière chaque individu ou chaque relation le soi inconscient voit une série infinie d'individus. Et ceux-ci satisfont tous à la même fonction propositionnelle à la lumière de laquelle l'individu ou la relation en question sera perçue, vue ou vécue dans ce moment.

L'objet de notre grand amour ne recèle-t-il pas en lui une infinité d'autres objets d'amour (père, mère, fils, amis, amours passées, ce petit chien que nous aimions tant…) ? C'est la *quidditas* de tout ce que nous aimons et que nous avons aimé. Nous en venons ici aux émotions, dont nous parlerons dans le prochain chapitre.

Cette logique symétrique est présente à des degrés divers dans la réalité psychique. Si sa part devenait très importante elle détruirait toute logique. Elle peut apparaître dans certains cas : Matte Blanco la compare à un acide corrosif qui détruit les portions de territoire à portée de main ; la pensée symétrique apparaît chaque fois que la logique bivalente n'est pas capable d'empêcher la pression de l'inconscient qui cherche à s'exprimer. D'autre part, cette composante antilogique de l'homme ne peut exister sans la logique aristotélicienne sur laquelle elle repose.

Umberto Galimberti décrit ainsi le symbole (que l'on peut assimiler à la classe définie par Matte Blanco) :

> Le symbole contient un excédent de sens par rapport au sens connu ; sa force symbolique dure tant que dure cet excédent qui fait irruption dans la
> continuité du dire, l'ordre du discours. C'est exactement ce que le langage de la raison ne supporte pas, c'est le surplus qui, en intervenant, interrompt et fait la différence, de dis ferre (étym.), ce qui porte le discours

---

[17] Cf. K. Gödel, *Opere,* vol. 2, Bollati Boringhieri, Turin, 2002, p. 306 (trad. de l'auteur).

> en dehors, vers un itinéraire que l'intellect ne réussit pas à contrôler. C'est la force du symbole qui, comme un signifié incontrôlé, fait irruption dans l'ordre des signifiés institués, produisant ces oscillations de sens qui sont à l'origine des transformations qui mènent toujours à la perte de la stabilité[18].

Cet excédent de sens, élaboré par la psyché, peut affleurer au niveau conscient, où il est traduit dans le langage.

Wolfgang Pauli, lui aussi soutient que :

> [...] une partie seulement du symbole peut être exprimée par des concepts conscients, une autre partie agit comme un état inconscient ou préconscient. Il en est de même pour les symboles mathématiques : est doué pour les mathématiques celui pour qui les objets mathématiques ont une force symbolique. Le symbole est toujours un tiers qui unit deux opposés (logique symétrique), ce que la simple logique ne peut faire[19].

La logique symétrique ne devient visible que quand elle est revêtue de logique classique. Matte Blanco l'appelle pour cela système logique parasite[20].

Cette dernière définition ne peut que rappeler le rapport « parasitaire » entre contenant et contenu défini par Bion : ce type de rapport porte à la destruction du contenant par le contenu lui-même, et c'est justement la destruction qu'accomplit l'être symétrique lors de son irruption dans la conscience (l'acide corrosif).

Du reste, et nous le verrons sous peu, l'asymétrique peut être vu comme « contenant » du symétrique : dans l'inconscient les très vastes « poches » de symétrie sont délimitées par des pellicules asymétriques ce qui permet de les distinguer.

---

[18] Cf. U. Galimberti (1984), p. 64.

[19] Wolfgang Pauli, lettre à Goldschmidt, février 1949, cité par K. von Meyen (2009), p. 39.

[20] Cf. I. Matte Blanco (2000), p. 65.

La logique de l'inconscient peut être traduite, en termes de logique classique, par quelque chose qui n'est pas étranger à la logique, mais qui est doté d'un nombre plus grand de dimensions et donc, comme tel, est plus général. La logique aristotélicienne serait le développement (ou l'expression) d'une seule des multiples potentialités de l'autre mode de penser.

L'homme vit habituellement dans des états de l'esprit qui sont sujets à des règles bi-logiques plutôt qu'aristotéliciennes. Le désordre impliqué par de tels états est parfois ressenti comme intolérable et l'homme doit s'en défendre. La logique aristotélicienne, d'après Matte Blanco, est la plus pure et la plus haute forme de défense faite en réalité pour aider l'homme à vaincre la nature. Pour autant c'est aussi un appauvrissement. C'est seulement une partie de la vérité de l'esprit humain.

Structure bipartite de l'esprit

Matte Blanco propose de revenir à la conception duale de l'esprit (Moi et Inconscient) que Freud formula au début de ses travaux, et de définir d'une façon nouvelle le Moi et l'Inconscient respectivement comme la façon d'être asymétrique et la façon d'être symétrique. D'après lui la découverte fondamentale de Freud ne fut pas l'Inconscient en tant que région, mais celle d'un monde régi par des lois complètement différentes de celles du monde conscient.

Il renverse le problème de la terminologie et des définitions en disant que la qualité d'être inconscient est une conséquence nécessaire et en même temps une propriété constitutive de l'être symétrique :

> Avec les seules qualités symétriques il ne peut en fait y avoir de conscience chez l'être humain. La pensée, comme la conscience, a besoin de relations asymétriques. La pensée est un processus, quelque chose dans lequel une chose suit l'autre [les cognitivistes disent que le conscient est sériel et l'inconscient

> parallèle]. La conscience humaine capte une chose après l'autre. Toutefois rien n'interdit de concevoir une forme de conscience qui peut accueillir simultanément un nombre infini de choses : l'être symétrique qui entre entièrement dans la conscience[21].

Pour Matte Blanco, l'être symétrique est la base immense de l'homme. La conscience regarde vers cette infinité et cherche à la décrire[22].

Notre conscience ne réussit pas à déchiffrer complètement la logique symétrique qui est la trame de l'inconscient. Certaines manifestations du monde invisible font partie de notre pensée consciente, mais pour la plus grande partie elles en sont complètement étrangères. Nous pouvons imaginer notre conscience comme quelque chose de trop petit pour contenir la logique symétrique.

Matte Blanco délimite avec précision les limites de notre conscience. Avant tout elle ne peut comprendre qu'un objet à la fois. Par exemple, nous pouvons être conscients des caractéristiques d'un seul objet entier, ou bien nous pouvons être intimement conscients du fait que nous pensons mais nous ne pouvons pas penser en même temps à deux choses. De plus, comme nous l'avons vu, notre pensée est limitée par les grilles interprétatives liées à nos capacités perceptives : le temps et l'espace tridimensionnel.

Une sensation est en soi une expérience primaire, qui ne peut être réduite à une description. On peut dire la même chose de l'être symétrique. Ça n'est pas quelque chose qui survient, c'est quelque chose qui est. Dans la conscience, par contre, les choses surviennent (souvenez-vous de la différence mise en évidence par Primas entre descriptions *tensed et tenseless)*.

Le principe de symétrie est en vigueur à l'intérieur d'une classe. Puisque les classes se différencient entre elles cela signifie qu'il y a des relations asymétriques qui les

---

[21] Cf. I. Matte Blanco (2000), p. 109.
[22] Cf. I. Matte Blanco (2000), p. 113.

différencient. Donc une classe peut être considérée comme une portion d'être symétrique entourée d'une pellicule d'asymétrie. Sans ce revêtement nous ne pourrions rien connaître des manifestations asymétriques.

Ces fines pellicules symétriques renvoient à un autre parallèle avec Bion : sa définition de barrière de contact. La *barrière de contact* est, pour Bion, une limite créative entre conscient et inconscient, c'est comme une membrane semi-perméable qui procure la capacité de dormir ou d'être éveillé, d'être conscient ou inconscient, d'avoir la notion du passé ou du futur. Elle protège le contact avec la réalité en empêchant que celle-ci soit déformée par des émotions d'origine interne : elle empêche donc l'irruption destructive de l'acide de l'être symétrique[23].

Il y a de nombreux contenus de l'inconscient (les premières introjections, scissions, négations…) qui sont asymétriquement structurés (les *processus* inconscients). Une fois qu'on a vaincu les forces qui les tiennent loin de la conscience, celle-ci peut les examiner.

Mais si le contenu inconscient est symétrique, sa structure est totalement étrangère à la structure de la conscience. Elle est incompatible avec le temps et l'espace, alors que la conscience évolue avec le temps.

Les souvenirs de nos rêves peuvent nous aider à comprendre ces divers degrés de symétrie : nous faisons des rêves dans lesquels il y a un développement temporel et logique ; par exemple, le rêve où nous fuyons quelque chose pour un motif que nous connaissons ; ces rêves se réfèrent à un inconscient superficiel encore structuré asymétriquement dans le temps et dans l'espace.

Il y a des rêves dans lesquels nous sommes simultanément à deux endroits différents ou bien nous parlons à des personnes qui ne vivent plus et nous parlons un langage incompréhensible et symbolique. Dans ces cas, nous sommes

[23] Cf. W. Bion (2009b), p. 41.

plongés dans les parties les plus profondes et les plus symétriques de notre inconscient : le temps n'existe pas, des endroits différents coexistent, il n'y a pas de logique normale du discours.

La conscience recueille des morceaux de cette masse amorphe et les ordonne dans le temps et l'espace, transmettant une apparence de symétrie. C'est de cette manière que Matte Blanco décrit la fonction de traduction ou de déploiement[24].

Et nous en revenons ainsi à l'ordonnancement des morceaux amenant au fait choisi défini par Poincaré :

> en reliant des éléments connus depuis longtemps, mais jusque-là épars et paraissant étrangers les uns aux autres, il introduit subitement l'ordre là où régnait l'apparence du désordre[25].

L'individuation du fait choisi de Poincaré émergeant des profondeurs de l'inconscient se traduit alors dans la fonction de déploiement.

Mais observons aussi que la fonction d'organisation de l'état conscient décrite par Matte Blanco est à mettre en parallèle avec la cohérence orchestrée et quantique des neurones de Penrose-Hameroff, qui s'organisent à partir d'un complexe plus symétrique de superposition d'états.

Si nous voulions faire entrer dans la conscience tout ce qui se trouve dans l'inconscient symétrique, nous devrions y faire entrer un nombre infini de choses. Le maximum que peut faire la conscience est de pénétrer successivement dans les dimensions infinies du symétrique en traitant quelques dimensions à la fois. Ainsi la classe *se déploie* sous l'analyse du système asymétrique. Les mots sont les instruments asymétriques de la fonction de traduction-déploiement.

Le travail psychanalytique tend à révéler les signifiés et les connexions qui appartiennent à la même classe que celles qui

---

24 Cf. I. Matte Blanco (2000), p. 123.

25 Cf. H. Poincaré (1908), Livre I, Ch. 2, *L'avenir des Mathématiques* (dans l'édition de 1947, pp. 24-25).

sont clairement visibles. Les libres associations sont des associations immédiates entre éléments d'une même classe.

Le refoulement, lui-même, peut être revisité à la lumière de ces nouveaux concepts. Selon Freud le refoulement nous éloigne de la conscience. Mais la structure symétrique elle-même empêche de pénétrer dans la conscience. Les classes diffèrent les unes des autres par l'intermédiaire de leurs pellicules d'asymétrie, c'est une condition de normalité. L'action délimitante de l'asymétrie empêche en fait l'invasion de la symétrie qui détruirait toute structure. Donc l'être asymétrique n'a pas seulement une fonction de déploiement mais aussi d'endiguement.

Là aussi nous pouvons faire le lien avec Bion : la fonction d'endiguement de ces pellicules asymétriques rappelle la fonction d'endiguement de la rêverie maternelle introduite par Bion. Elle est le contenant chargé de confiner les poches émotionnelles pleines d'angoisse produites par l'enfant, qui ne réussit pas encore à les gérer et à s'en défendre. La rêverie de la mère traduit en langage rassurant et asymétrique les images symétriques et pleines d'angoisse dont l'enfant est la proie.

Le principe de symétrie traite une partie propre d'un ensemble comme si c'était l'ensemble tout entier. Si *a* est un élément de *B, B* est un élément de *a.* D'après la logique classique cela établirait l'identité entre *a* et *B.* Ce type de confusion est typique des patients schizophrènes[26].

Selon la logique symbolique, les éléments d'une classe sont équivalents. Dans la logique symétrique, ceux-ci sont identiques. L'inconscient, donc, ne connaît pas les individus mais les classes. L'unité de travail pour l'inconscient est la

26 Matte Blanco donne, à ce propos, l'exemple d'une femme schizophrène qui se plaignait parce qu'on lui avait fait une prise de sang : parfois elle se plaignait du fait qu'on lui avait enlevé du sang du bras et parfois qu'on lui avait enlevé le bras (pour elle le bras et le sang étaient la même chose : il y avait identification entre une partie du membre et le membre entier) ; cf. P. Bria (2000), p. LXXXI.

classe dans laquelle sont inclus tous les individus qui lui appartiennent.

Quand les manifestations inconscientes deviennent plus profondes, les classes ou les ensembles deviennent toujours plus vastes. À la fin nous trouvons donc un seul grand ensemble ou collection. Dans un tel cas la pensée, la vie mentale est impossible. La symétrie totale coïncide avec l'absence de conscience et l'absence de l'esprit.

Ensembles infinis et niveaux de profondeur

Plus il est proche de la surface, plus l'objet est vu comme concret. Plus le niveau inconscient est profond, plus la classe est vue comme un tout.

Comme nous l'avons déjà dit, derrière chaque individu, le moi voit une série infinie d'individus, qui sont tous de la même classe.

Une représentation spatiale précise de ces classes demanderait que de nombreux individus occupent la même place, et donc pour mieux les représenter il faudrait un espace avec un nombre de dimensions supérieur. Nous en parlerons dans la section suivante.

L'action de la thérapie psychanalytique selon Matte Blanco consiste à dépouiller les personnes, les choses et les circonstances de leur signifié symbolique qui amène à la confusion de l'individu avec la classe entière. Quand nous racontons nos rêves au psychothérapeute, nous parlons du seul élément rêvé, et si nous faisons des associations libres pour expliquer le symbole sous-jacent, nous en venons à faire une séquence d'associations dans laquelle les éléments d'une même classe sont mis les uns à côté des autres dans un processus asymétrique, qui pourra être expliqué par le langage.

Dans l'émotion de l'amour il y a le fait de parer l'individu de toutes les beautés ou des perfections d'une classe donnée. Plus le niveau de symétrie est grand, plus les sentiments sont forts. L'asymétrisation, qui sépare, demande des degrés d'agressivité.

Pourtant, si nous continuons à descendre dans les couches plus profondes de l'inconscient, arrive un moment où on rejoint la zone de l'absence complète de l'espace temps. Là aucune forme d'agressivité n'est possible. Peut-être est ce là un des sens de l'instinct de mort, comme ce fut formulé initialement par Freud dans *Au-delà du principe de plaisir*[27] : le désir d'un état au-delà de l'agressivité.

Émotion et ensembles infinis : la mesure des processus inconscients

L'opération de mesure consiste à établir une correspondance biunivoque entre la chose à mesurer et les nombres. Lorsqu'il s'agit de phénomènes physiques nous pouvons dire que, en pratique, la mesure se réfère à des phénomènes finis.

Les émotions peuvent être grandes ou petites, ce sont donc des grandeurs. Et pourtant la correspondance entre phénomène psychique et physique pourrait ne pas être univoque et certains états mentaux pourraient être en dehors du règne de la mesure.

Entre imagination inconsciente et consciente existe une grande disproportion en intensité et multiplicité, qui est encore plus grande que celle qui existe entre imagination consciente et action. Par exemple, nous aimons d'une façon plus profonde et différente de ce que nous en avons conscience.

Contrairement à ce qui arrive dans le monde physique (dans lequel chaque événement est entièrement défini par une seule classe d'équivalence de correspondance biunivoque avec sa représentation et par suite avec la série des nombres) chaque sujet imaginé contient en lui une infinité de variations d'un même thème. Chacune de celles-ci peur être écrite d'une manière unique et distincte de toutes les autres variations. Donc, ce qui est imaginé peut être mis en correspondance

---

27 Cf. S. Freud, *Au-delà du principe de plaisir,* Presses Universitaires de France, Paris, 2010.

biunivoque non seulement avec sa représentation mais avec un nombre infini de représentations (ou classes d'équivalence), chacune différente des autres. En d'autres termes le sujet imaginé a d'infinies correspondances biunivoques avec sa représentation.

Donc, l'événement physique se déroule une seule fois, alors que l'imagination inconsciente a d'infinies possibilités de se dérouler dans le monde physique, toutes mesurables.

On peut donc dire que l'imagination inconsciente n'est pas intrinsèquement non mesurable mais est susceptible d'une infinité de mesures[28].

La possibilité de mesure ne s'applique que dans une seule zone de l'inconscient : là où s'entrelacent les modes symétrique et asymétrique. Si nous descendons aux niveaux plus profonds de l'inconscient, on rejoint un point où, à cause du manque de relations asymétriques, il devient impossible de distinguer. les éléments discrets.

L'émotion, du point de vue de l'introspection est expérimentée non comme un événement seulement mental mais psychophysique. Elle est en effet composée de sensation-sentiment et de pensée.

L'expérience des sens est soumise à un processus d'activité propositionnelle. Il existe toutefois des sensations, réactions psychiques qui sont inconscientes. Matte Blanco dit que la conscience est une espèce d'homme invisible et les objets de la conscience (les pensées) sont le matériau opaque permettant de le voir.

Les pensées ne peuvent exister sans se refléter dans la conscience. Donc la conscience naît exactement au point de rencontre des modes symétrique et asymétrique et ce serait

---

[28] Ceci nous suggère à nouveau une analogie avec les fonctions d'onde quantiques : l'imagination inconsciente comme une fonction d'onde avec un nombre infini d'états possibles et mesurables… la prise de conscience et la possibilité de ne mesurer qu'un seul de ces états, comme le collapsus de la fonction d'onde.

donc la raison de l'étrange capacité à éluder du phénomène de la conscience, dont nous allons parler.

Matte Blanco utilise des termes liés à anatomie de l'œil pour décrire les régions proches du foyer (celles de la macula) et plus éloignées du foyer (celles des régions périphériques) de la conscience.

La sensation-sentiment n'est pas à l'aise dans la région maculaire de la conscience, alors qu'elle se situe de manière naturelle à la périphérie. La conscience des sensations subjectives est quelque chose de fugace, jamais complètement saisi. Pour voir nous avons besoin de bouger les yeux, pour la vision mentale des sensations c'est pareil. Le processus de pensée est constitué par la succession de nombreuses visions partielles (souvenons-nous de la séquence de photogrammes discrets évoqués par Penrose pour sa théorie de la conscience quantique).

Prenons par exemple une sensation de douleur. Par sa nature, la douleur est simple, comme toute autre sensation. Elle est ressentie comme une simple unité indivisible. Au contraire la pensée a toujours des aspects ou des parties. La pensée se développe dans le temps, la sensation est ressentie dans un instant qui n'a pas de dimension temporelle. La pensée est un processus alors que la sensation-sentiment est ressentie non pas comme quelque chose qui survient, mais comme quelque chose qui est.

La sensation-sentiment pure peut entrer dans la vision maculaire de la conscience, pendant de courts instants uniquement. Pour être examinée ultérieurement, elle doit être recouverte de pensée, donc d'une activité propositionnelle.

Ainsi Matte Blanco établit une différence entre sensation-sentiment maculaire et périphérique. La première a la caractéristique de la pensée évoluée (la fonction de la conscience c'est la clarté, la définition : les idées claires et distinctes de Descartes[29]). La conscience périphérique par

[29] Pour les idées de Descartes, cf. *Le discours de la Méthode*, Vrin, Paris, 2005.

contre tend à être revêtue de relations plutôt librement. Ce type de perception correspond en substance à saisir ce que sont les classes sans être capable d'établir des différences entre les individus qu'elles contiennent. On s'approche de l'être symétrique. Voilà l'aspect fondamental de l'émotion : établir des relations symétriques.

Une sensation-sentiment qui apparaît dans la conscience maculaire ne peut y apparaître que si elle ne dépend seulement que d'objets matériels. Ces objets sont comme les objets de la physique. Ils sont donc de possibles objets de mesure. Ainsi l'aspect de la sensation-sentiment qui apparaît dans la partie maculaire de la conscience peut en principe être mesuré. En revanche les classes ne pourraient entrer dans la région maculaire, car elles ne peuvent y être contenues : la sensation-sentiment part de la périphérie de la conscience.

L'émotion est comme un Janus à double visage : d'un côté elle regarde vers le royaume obscur de l'esprit et de l'autre elle regarde vers le monde extérieur. À l'intérieur de l'émotion non mesurable il y a une quantité infinie de mesurables qui en émergent : c'est l'émotion qui s'immerge dans la région de l'espace temps. L'émotion n'est donc pas un ensemble infini, mais une collection d'ensembles infinis.

Des profondeurs des émotions émerge le langage comme une manifestation de certains aspects de la nature de l'émotion. Celui-ci à le pouvoir particulier de recréer la même émotion chez la personne qui le reçoit ; c'est comme si deux infinis se versaient l'un dans l'autre au moyen de ces canaux finis et étroits.

Pour la personne qui le ressent l'amour est senti comme en dehors de l'espace et du temps et au-delà de toute description détaillée. La personne qui aime et celle qui est aimée ne sont pas distinctes l'une de l'autre. L'amour, donc, décrit en langage symétrique, semblerait être quelque chose de très obscur, car la lumière de la compréhension amène à la différenciation.

Pourtant on ne peut pas dire que l'amour ne connaît pas son objet : la fusion entre sujet et objet est une fusion qui est aussi connaissance, la convergence de fusion et connaissance en une même chose.

L'amour n'est donc pas une faible lueur mais un éclat aveuglant et éblouissant à en faire perdre les détails. La connaissance parfaite est rejointe par l'émotion parce que chez elle connaissance et être sont la même chose.

D'après ce que dit Matte Blanco, le déduisant des théories de Money-Kyrle, la préconception a une correspondance avec l'être symétrique. En fait dans la préconception fondamentale du sein par le nourrisson, le sein est initialement bon et mauvais en même temps.

Par la suite, quand la préconception se conjugue à l'expérience en se saturant (nous suivons ici les acceptions de Bion), le sein sera reconnu comme un sein bon, la classe sera particularisée, et le bébé ne sera plus satisfait que par le sein bon.

Sans relations asymétriques, nous le savons, la pensée ne peut exister. Cette observation s'accorde avec la théorie de Bion : la pensée, chez le nourrisson, naît de l'absence, et ensuite de l'expérience du sein ; avec l'expérience le mauvais sein et le bon se séparent, et naît la pensée (asymétrique).

Siddhartha lui aussi en arrive à la dichotomie entre la pensée asymétrique et la symétrie de l'être, comme l'écrit Hermann Hesse :

> Écoute, Govinda, j'ai trouvé une pensée que tu vas encore prendre pour une plaisanterie ou pour une folie, mais qui, en réalité, est la meilleure de toutes celles que j'ai eues. La voici : le contraire de toute vérité est aussi vrai que la vérité elle-même ! Je l'explique ainsi : une vérité quand elle est unilatérale, ne peut s'exprimer que par des mots ; c'est dans les mots qu'elle s'enveloppe. Tout ce qui est pensée est unilatéral et tout ce qui est unilatéral, tout ce qui n'est que moitié ou partie, manque de totalité, manque d'unité ; et pour le traduire

il n'y a que les mots.[…] Nous nous y laissons aisément tromper parce que nous inclinons naturellement à croire que le temps est une chose vraiment existante. Le temps n'est pas une réalité […] et si le temps n'est pas une réalité, l'espace qui semble exister entre le Monde et l'Éternité, entre le Bien et le Mal, n'est qu'une illusion[30].

L'élan vers la connaissance

L'impossibilité de l'être symétrique à devenir symétrique n'empêche pas la tentative de comprendre la symétrie au travers de descriptions asymétriques.

La tendance à comprendre, à penser, l'impensable est une puissante source d'activité mentale et est une manifestation instinctuelle.

Le fait que les classes où règne la symétrie soient contenues (ou déterminées) par des relations asymétriques donne naissance à une tendance, l'activité propositionnelle : la pensée est une fine pellicule entre de grands volumes de symétrie. Confronté à ces océans de symétrie, la pensée de l'homme cherche à les comprendre, et arrive à exprimer l'être symétrique en termes d'ensembles infinis.

L'exploration de l'être symétrique de la part de l'activité asymétrique fournit à cette dernière une inépuisable (infinie) source de connaissance.

Selon Matte Blanco, l'activité mathématique est un exemple typique de la fonction de traduction ou de déploiement[31]. La création mathématique est une extraction à partir de l'inconscient. La pensée mathématique découvre des aspects toujours plus complexes de ce qui apparaît à première vue comme étant un tout homogène. Un exemple de la fonction de déploiement en mathématiques est la formulation de la Géométrie à partir des cinq postulats d'Euclide : on part d'un espace homogène et on établit des relations (postulats et

---

30 Cf. H. Hesse, *Siddhartha,* Grasset, Paris, 1925, p. 123.
31 Cf. I. Matte Blanco (2000), p. 232.

théorèmes) à l'intérieur de celui-ci. Donc, en se référant à l'invention mathématique de Poincaré : l'esprit extrait de l'inconscient les inventions des structures mathématiques.

En outre la construction des structures à partir d'un espace homogène nous rappelle la rupture de symétrie dans l'espace, dont nous avons déjà parlé.

La psychanalyse fait avec l'être psychique réel, donc l'homme, ce que les mathématiques ont fait avec leur objet idéal : elle découvre des complexités et des subtilités toujours plus nombreuses. C'est une fonction de traduction et de déploiement : elle arrache aux infinis symétriques nombre des relations asymétriques qui y sont potentiellement implicites.

Pour cela, exactement comme les mathématiques sont utiles à la compréhension de l'esprit, la psychanalyse peut être la source de développements mathématiques[32].

Les relations asymétriques transportent l'être symétrique de sa nature inconsciente profonde vers quelque type de représentation dans la conscience (la surface). Elles agissent donc d'une manière totalement opposée au refoulement.

Donc l'émotion n'est pas la pensée, car elle n'est pas une activité relationnelle propositionnelle, mais elle est mère de la pensée.

Cela mérite de rappeler ici que même la physique théorique moderne dialogue entre asymétrie et symétrie (et même *supersymétrie* dans certaines théories). Aller vers des symétries plus grandes signifie aller vers l'unification des lois qui gouvernent les forces de la nature : la tentative de grande unification des théories du champ (c'est-à-dire des forces de la nature) est un élan vers une plus grande homogénéité, donc en sens contraire au déploiement. C'est comme si la formulation théorique allait vers une symétrie unifiante dans un espace multidimensionnel alors que notre perception *sépare, déploie* les diverses forces naturelles et les formule, dans l'espace ordinaire, avec des formulations différentes pour

---

32 Cf. I. Matte Blanco (2000), p. 437.

chacune. Les champs des forces de la perception ordinaire sont produits par déploiement. Les théories d'unification prévoient par contre un nombre plus élevé de dimensions pour aller vers la synthèse[33] (justement la multi-dimensionnalité qu'invoque Matte Blanco pour évaluer la densité symbolique des rêves, comme nous le verrons dans la prochaine section).

Espace multidimensionnel, inconscient et rêves

Matte Blanco suggère d'utiliser des représentations des objets présents dans l'inconscient avec des dimensions supérieures aux trois dimensions de l'espace ordinaire, parce que ce qui est ressenti en trois dimensions comme objet séparé peut être vu, s'il y a plus de dimensions, comme constituant d'un tout. Cette approche permettrait de déterminer avec plus de réussite les rôles respectifs de l'unité de l'individu et des objets internes.

Toutes les comparaisons spatiales utilisées en psychanalyse sont appropriées pour décrire les phénomènes physiques, mais sont insuffisantes pour décrire les phénomènes mentaux.

En géométrie, les espaces de plus de trois dimensions, représentés en termes de deux ou trois dimensions, auront des

---

[33] Une grande partie des physiciens théoriques considère que le problème de l'unification des forces fondamentales de la nature peut être résolu avec la théorie des cordes : lacets fermés ou ouverts d'une étendue très petite mais suffisante pour éliminer le problème des divergences (les valeurs infinies qui se créent dans les interactions entre particules quand celles-ci sont considérées punctiformes). Les cordes peuvent vibrer, comme les cordes d'un violon et à chaque note « vibrée » correspond une particule élémentaire : une vibration particulière d'un objet fondamental unique, la corde. Le passage de particule punctiforme à corde implique donc l'unification de toutes les particules élémentaires. Bien que non vérifiée expérimentalement, la supersymétrie est un ingrédient mathématique nécessaire dans la théorie des cordes (d'où le terme « supercordes »). Elle prévoit l'existence de nouvelles particules, compagnes supersymétriques de celles que nous observons. Cf. à ce sujet G.Kane, *Supersymétrie,* Le Pommier, Paris. 2003.

volumes qui se répètent (un peu comme les développements de volumes sur un plan ont des segments qui se répètent ; on pense au développement d'un cube solide sur un plan bidimensionnel).

L'étude du travail de condensation dans le rêve produit une forte impression d'interpénétration entre les diverses parties comprises dans un élément du rêve. La contiguïté et la succession bien ordonnée de la vie éveillée laissent la place à une interprétation des divers éléments du rêve, une sorte de placement mutuel l'un dans l'autre. Un élément représentant la condensation des divers éléments pourrait être assimilé à un volume présent plusieurs fois. L'univers des rêves devient alors plus compréhensible si nous supposons que celui qui rêve « voit » un monde multidimensionnel avec des yeux faits pour voir un monde tridimensionnel.

Les rêves se refusent à penser en termes de contiguïté et s'affranchissent des limites de l'espace tridimensionnel : le rêve ne peut exprimer en aucune façon l'alternative o-o. Par exemple dans certains rêves le Moi se cache derrière diverses personnes apparaissant lors du rêve : ainsi celui qui rêve peut jouer plusieurs rôles en même temps. Ceci est une manière d'échapper aux limitations imposées par l'espace tridimensionnel.

L'unité dans la multiplicité devient plus claire si nous pensons qu'une multiplicité en termes de trois dimensions est une unité en termes de dimensions supérieures (exactement comme tentent de faire les physiciens théoriques dans leur Théorie de Grande unification).

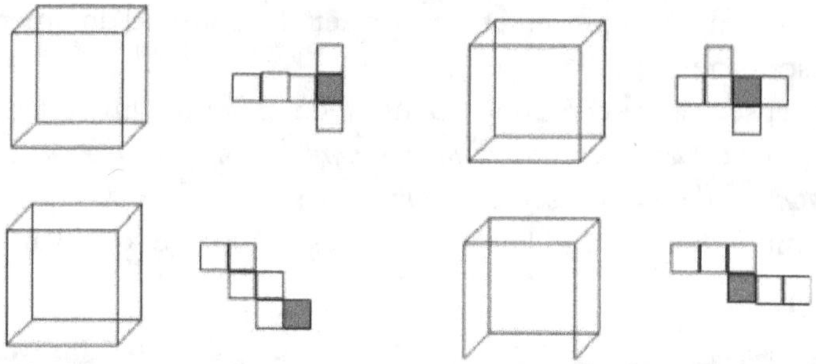

Développement d'un cube sur un plan : de trois à deux dimensions. Certains segments représentant les arêtes du cube, doivent être répétés lors du développement sur le plan : ils apparaissent plus d'une fois. Le développement du cube est un exemple de « déploiement » : représentation d'un objet avec un nombre inférieur de dimensions. Ainsi les objets de plus de trois dimensions, si on les représente dans l'espace, montreront des volumes qui se répètent : de tels volumes occuperont simultanément le même espace.

Dans les pages introductives de son essai *L'inconscio come insieme infiniti* Matte Blanco fait figurer une illustration représentant une mosaïque située dans l'antique église byzantine Saint Sauveur in Chora, à Istanbul, aujourd'hui transformée en musée, où on voit des Archanges dotés de trois paires d'ailes, donnant l'impression que ce sont trois oiseaux qui s'entremêlent[34]. Matte Blanco semble suggérer par là que l'artiste a conçu l'archange comme un être soumis à des lois qui sont au-delà des lois aristotéliciennes, mais qui peuvent être *traduites* ou *déployées* selon ces lois. En d'autres termes, il s'agit d'une projection du monde indivisible de la logique de l'inconscient dans le domaine du monde ordinaire et sensible à la conscience. Le langage artistique en fait, même s'il est limité aux trois dimensions ne s'occupe pas des limites imposées par la logique de non contradiction et des lois de l'interpénétrabilité des corps (une même image artistique peut

---

[34] Cf. I. Matte Blanco (2000), frontispice. On trouve aussi des archanges à trois paires d'ailes sur les parois de la basilique Sainte Sophie à Istanbul, et j'en ai trouvé aussi de magnifiques dans l'église Panagia Ekatontapiliani sur l'île de Paros.

par exemple représenter la vie et la mort d'un même personnage).

Pensez aux vers que Dante écrivit pour invoquer la Madone : *Vierge mère, fille de ton fils, humble et sublime plus que nulle créature*[35]. Dans ces seules deux lignes le maître des poètes réussit à concentrer trois paradoxes … parce que l'art le permet.

À gauche : Représentation médiévale d'un séraphin. À droite : Représentation d'un séraphin, Cathédrale de Santa Maria Nuova di Monreale, XIIe siècle

La bipolarité symétrique-asymétrique

Les manifestations psychologiques de l'homme peuvent être vues comme l'interaction entre le principe d'asymétrie et celui symétrique. Le principe de symétrie est un principe généralisant, alors que les relations asymétriques introduisent les conditions particularisantes du cas individuel. L'homme ne peut échapper à son immersion dans les ensembles infinis. Mais il est aussi sujet aux conditions plus précises de sa spatio-temporalité : l'homme est assujetti aux lois scientifiques. Par

35 Cf. Dante Alighieri, *La Divine Comédie, Paradis,* Chant XXXIII, trad. Mesnard.

contre dans ses manifestations mentales il a des aspects symétriques et asymétriques. Les aspects asymétriques fournissent les conditions restrictives qui permettent jusqu'à un certain point de prévoir son comportement. Les aspects mentaux symétriques représentent le principe généralisant qui confère à l'homme une position unique dans la nature. De l'interaction entre ces deux ensembles opposés et interactifs peut venir la compréhension de la vraie structure de son esprit.

En particulier, le mode de vie symétrique est la racine fondamentale de la socialité. Le mode symétrique est l'aspect unificateur de l'homme alors que le mode asymétrique est diviseur. Le vrai fondement de la nature humaine est la synthèse entre ces deux aspects.

La notion de conflit intrapsychique peut être examinée à la lumière de la bipolarité symétrique/asymétrique.

En tant qu'êtres symétriques, nous ne sommes pas indépendants des autres puisque nous formons une unité avec les autres. Pour l'être asymétrique, par contre, cette absence de limites individuelles est inconcevable.

Chaque fois qu'une telle absence se développe, notre être asymétrique le ressent comme une perte d'identité et comme un risque d'être réduit à néant. Au plus profond de nous, ce danger semble être infini. De là peut surgir la pathologie mentale.

La logique asymétrique a son point de départ, c'est la triade : *a* est en relation R avec *b* (*a*R*b*) signifie que la triade *a*, *b* et R existe. En réalité le concept de la relation est le même que l'espace-temps. On ne peut concevoir une relation, et donc une logique, sans l'espace et le temps.

Les symboles de la syntaxe représentent non seulement une possibilité d'interprétation, mais sont aussi une structure réelle. Dans la logique, on arrive toujours à diviser les propositions en triades de quelque chose, mais leur relation, c'est autre chose. La logique, donc, réclame le règne du discret (dans le sens de « divisé ») et le recueille.

Chaque connecteur propositionnel exprime une relation. Aucun calcul propositionnel ne peut être développé sans le concept de relation. D'un autre côté aucun élément de la relation ne peut exister sans le référent ni sans relation. Ceux-ci se créent réciproquement l'un l'autre.

La logique ne peut pas exister si, d'une certaine manière elle ne reflète pas la totalité du monde, d'autre part la logique est analytique : elle divise les choses en plusieurs parties, elle ne connaît le tout qu'à travers ses éléments. Le rôle de l'inconscient, mode symétrique, apparaît, sous cet angle, comme un complément nécessaire et un antidote aux limitations du logos.

Il est intéressant de commenter à ce propos que la logique divise, analyse, mais ne mène pas à une nouvelle connaissance : tout ce qui est déduit logiquement existe déjà dans les axiomes. Le saut de connaissance, l'intuition du scientifique (comparable à l'insight psychanalytique) survient en dehors de la logique, il se produit grâce à un « coup de main » de l'être symétrique. Kuhn dit que le saut de connaissance arrive lors d'une révolution scientifique, concept ayant déjà été relié à la rupture du contenant, avec le changement catastrophique[36]. La science normale du point de vue de Kuhn serait donc, selon la lecture faite par Matte Blanco, totalement asymétrique, alors que dans la révolution scientifique il y a irruption de l'être symétrique.

Matte Blanco met en évidence comment le passage de l'être « impensable » – le mode symétrique – à la triade sur laquelle se structure la logique asymétrique est complètement parallèle au processus de croissance chez l'enfant : de ne faire qu'un avec la mère à être deux tout en ayant dans le même temps une relation intime avec elle ; la triade de quelque chose, la relation entre eux et quelque chose d'autre. La logique, exactement comme la psychologie, se structure sur des faits biologiques et en est le reflet.

---

[36] Voir le deuxième chapitre du présent livre.

Dans la logique scientifique il y a une vocation à utiliser le principe de contradiction. Mais cette vocation ne signifie pas qu'il n'existe pas dans la logique qui décompose une tendance à réunir le monde, une forme de nostalgie pour le tout homogène indivisible : le concept lui-même de relation, à la base de toute logique, témoigne de cette tendance.

Le monde est en soi une totalité, et de quelque manière il soit décrit, la totalité est toujours présente. En un mot, la totalité non divisée précède la division en faits de cette totalité. L'inconscient, d'après Matte Blanco, est la véritable réalité psychique.

Nous conclurons avec quelques citations du texte de Wolfgang Pauli, *Psyché et Nature*, remontant à 1948, donc antérieur de trois décennies au livre de Matte Blanco. Dans ce livre est exploré le rôle de ce que Pauli appelle « Images archétypiques » dans la formation des concepts scientifiques. Pauli avait un rapport épistolaire avec Jung et il est clair que ses images archétypiques sont liées aux archétypes jungiens et à l'inconscient collectif. Les phrases de Pauli sont toutefois lumineuses pour nous faire sentir l'intuition de complémentarité entre physique et psychologie et le rôle profond joué par l'inconscient dans la formation de nouvelles théories scientifiques.

> Par le terme hintergrundphysik j'entends la récurrence d'idées et de concepts quantitatifs de la physique dans des pensées imaginées spontanément, dans le sens qualitatif, figuré et donc symbolique. Je connais l'existence de tels phénomènes depuis environ douze ou treize ans par des expériences oniriques personnelles ayant lieu indépendamment de l'influence d'autrui. [...] Au début, du fait de ma mentalité scientifique, rationnelle, ces rêves me paraissaient scandaleux, comme un abus de la terminologie scientifique. [...] Par la suite, toutefois, je dus reconnaître que ces rêves ou fruits de l'imagination avaient un caractère objectif, essentiellement indépendant de la personne, [...] Et peu

à peu j'ai fini par reconnaître que rêves et choses imaginées de ce type ne sont ni privées de sens ni purement arbitraires, mais transmettent plutôt une sorte de « deuxième sens » des concepts utilisés. Il me paraît donc aujourd'hui suffisamment établi que le type d'imagination que j'appelle hintergrundphysik ait un caractère archétypique.

Le point de vue définitif doit faire entrevoir dans la production de l' hintergrundphysik (arrière plan de la physique), par le biais de l'inconscient de l'homme moderne, un axe de développement vers une description future de la nature qui comprenne de manière unitaire physis et psyché. Pour arriver à une telle description unitaire de la nature il paraît nécessaire de remonter à l'arrière plan archétype des concepts scientifiques.

Du fait que je considère la physique et la psychologie comme des lignes de recherche complémentaires, je suis certain qu'il existe un parcours inverse tout aussi légitime, qui pourrait conduire le psychologue, passant convenablement au travers de l'étude des archétypes, au monde de la physique.

[...] l'attitude rationaliste adoptée par les scientifiques à partir du dix-huitième siècle a fait que les processus de fond qui accompagnent le développement des sciences de la nature, bien qu'étant toujours présents et exerçant une influence déterminante, sont restés presque inobservés, ou bien relégués dans l'inconscient[37].

Et encore :

La complémentarité en physique [par exemple celle entre temps et énergie] présente une profonde analogie avec les concepts de conscient et inconscient en psychologie, dans le fait que toute observation de

---

[37] Cf. W. Pauli (2006), pp. 27, 28, 29.

> contenus inconscients comporte une répercussion non déterminable sur la conscience de ces mêmes contenus. Dans ce couple de contraires, le « psychique objectif » reçoit, à cause de son extension indéterminée, une sorte de réalité atemporelle ; alors que le « moi individuel » et la perception habituelle du temps sont essentiellement entremêlés[38].

Il est difficile de résister à la tentation de rapprocher le psychique objectif de Pauli, avec son extension indéterminée et atemporelle, avec l'être symétrique d'Ignacio Matte Blanco.

Comme les structures toujours plus complexes de la nature naissent de ruptures de symétrie, la rupture primordiale de symétrie logique qui, selon Matte Blanco, transite de l'inconscient au conscient nous fait percevoir le temps, notre identité, les narrations, la cohérence. Pourtant nous gardons dans nos rêves et dans nos désirs effacés une dimension symétrique et infinie. L'osmose entre ces deux parties de nous même nous fait deviner l'être, désirer l'amour, ressentir la flèche du temps mais aussi l'immobilité temporelle de la beauté, percevoir l'art et prédire l'harmonie de la nature dans nos formules scientifiques.

---

[38] Cf. W. Pauli (2006), p. 37.

VI : Traits de la personnalité des scientifiques

Résumé. L'idée à l'origine de ce chapitre, qui est que les personnes qui font de la recherche scientifique puissent révéler des traits de personnalité spécifiques, pourrait faire repenser à la vieille idée des « deux cultures[1] ». Toutefois, dans ce chapitre, je montrerai que, bien qu'il soit possible de mettre en évidence certains traits particuliers dans la personnalité des scientifiques, ces caractéristiques personnelles n'ont rien à voir avec une division de la culture en scientifique et humaniste[2], ce sont même les émotions liées à la découverte qui peuvent être un trait d'union entre les deux.

Chercher des traits de personnalité spécifiques entre les mathématiciens, les physiciens et les astronomes signifie se rapporter à ce que requiert la méthode de recherche, plutôt qu'à la culture sous-jacente. La méthode de la recherche scientifique est évidemment un acquis indispensable dans les instituts de recherche « dure » et, partant, l'échantillon de population que nous nous proposons d'étudier est bien sélectionné du point de vue de la méthode. Le fait que cette méthode soit plus renforcée, rendue essentielle à l'intérieur des sciences dures, ne met absolument pas en doute le postulat de l'unicité de la culture, c'est-à-dire de la profonde valeur humanistico-philosophique des synthèses scientifiques et de la valeur scientifique que peut avoir la recherche dans les sciences humaines.

---

[1] L'expression « les deux cultures », utilisée parfois abusivement, se réfère à un livre célèbre de C. P. Snow, *Les deux cultures,* (1959). Dans ce texte la première culture est celle des littéraires et la seconde celle des scientifiques. Snow souhaitait que la fracture entre les deux communautés soit dépassée.

[2] Certaines parties de ce chapitre ont été publiées dans l'article *Tipi di laboratorio,* écrit avec F. Perussia, dans « Sapere » 73,4 (2007), pp. 72-79.

Le problème peut aussi être ramené à une différence de langage : les instruments sémantiques du langage scientifique se sont tellement raréfiés et spécialisés durant l'histoire de l'homme par rapport à ceux de la culture des sciences humaines jusqu'à rendre difficile l'osmose entre ces deux compartiments. Comme l'a expliqué Galilée, le fondateur de la science moderne, les mathématiques sont la langue dans laquelle est écrit le grand livre de la nature, et nous savons que le langage des mathématiques ne s'acquiert pas facilement. Prenant acte de ce langage spécifique, qui requiert certainement un apprentissage pour être assimilé, on peut penser qu'il est un identifiant d'une personnalité spécifique, sans pour cela détruire l'unitarité de la culture humaine.

Mais peut-être ne s'agit-il pas seulement de langage. Le langage est la partie logique, rigoureuse, « asymétrique » (pour utiliser la terminologie de Matte Blanco). Si nous revenons aux mots de Poincaré sur l'invention scientifique, souvenons-nous qu'il décrit une *sensibilité spéciale que tous les mathématiciens connaissent, mais que les profanes ignorent* et qui est utile pour sélectionner les combinaisons d'idées utiles à la découverte. Donc, si elle existe cette sensibilité particulière, elle pourrait se traduire par un trait de personnalité spécifique.

Traits et facteurs de la personnalité

L'étude de la personnalité, telle qu'elle s'est développée depuis le début du siècle dernier et ensuite, est liée à l'étude de ses principales dispositions ou traits. Elle a avancé de concert avec l'étude des différences entre individus. Le débat sur les traits et sur le rôle des différences individuelles est encore ouvert.

En fait on a vu se développer historiquement, et elle existe encore aujourd'hui, une césure entre ceux qui assignent aux dispositions un rôle causal dans l'explication du comportement et ceux qui leur donnent une valeur essentiellement descriptive. Les premiers retiennent qu'il existe des structures mentales universelles qui dès la naissance marquent le rapport de l'individu avec la réalité, identifiant ainsi un « génotype de la personnalité ». En revanche les seconds retiennent que les dispositions correspondent à des constellations affectives et cognitives qui prédisposent à des comportements déterminés dans des circonstances déterminées. Pour eux la personnalité est un système dynamique, émergeant, qui se structure par l'adaptation à la réalité.

Je présenterai les résultats d'une étude factorielle et donc je m'arrêterai ici sur l'évolution des théories de la personnalité qui ont porté aux études factorielles.

Après les premières études d'Ernst Kretschmer et Ivan Pavlov sur les rapports entre le physique et le comportement et entre types et propriétés du système nerveux[3], études qui font encore référence aux typologies introduites par Hippocrate et Gallien, avec Gordon Allport[4] on peut dire qu'on aborde le premier essai de donner une vision globale de la personnalité, en dépassant le réductionnisme biologique.

Pour Allport la personnalité se représente comme une organisation dynamique de systèmes psychophysiques qui déterminent les modalités d'adaptation à l'environnement. Le point d'abordage du devenir de la personnalité est le *Proprium* (Propre), qui inclut tous les aspects qui contribuent à sa propre unité intérieure. Le *Proprium* est substantiellement synonyme de l'identité personnelle.

La notion de *trait* définie par Allport est centrale pour la description de la personnalité et pour la compréhension des divers comportements. Les traits sont des dispositions stables qui trouvent leurs racines dans la biologie de l'individu. Le trait est plus général que les habitudes : il est le résultat de leur intégration.

Allport distingue les traits cardinaux, centraux et secondaires :

---

[3] Cf. E. Kretschmer (1921) et I. Pavlov (1973).

[4] Cf. G.Allport (1937).

- Le trait cardinal exprime ce qui est particulier chez une personne, ses passions, ses sentiments prédominants. Il est tellement dominant que presque toutes les manifestations de l'individu sont soumises à son influence ;

- Le trait central représente les tendances essentielles et cohérentes de la personnalité ;

- Les traits secondaires sont moins importants et ne sont reliés au *Proprium* que d'une manière relative.

Le Père Giovanni Boccardi : la psychologie de l'astronome

Dans un article de 1926, que j'ai déjà cité dans les précédents chapitres, Boccardi cherche d'extraire les traits caractéristiques de la psychologie des gens qui font de la recherche en astronomie.

Mes nombreuses références à Giovanni Boccardi ne sont pas dues seulement à mon attachement à un astronome qui fut directeur de l'Institut auquel j'appartiens, mais aussi à la particularité de sa sensibilité. Il me paraît digne d'être signalé qu'un scientifique du début des années 1900 se posait déjà ce type d'interrogations dans un cadre psychologique : Quelle est la personnalité d'un astronome ?

Boccardi nous dit qu'existent des caractéristiques intellectuelles communes à tous les hommes de science, mais la mentalité de ceux qui font les observations astronomiques ne peut être exactement la même que celle d'un chercheur théorique qui vit au milieu des abstractions. Cette distinction ferait déjà penser aux récentes études sur les divers types d'intelligence.

À la fin de son article, il situe dans la théorie, l'observation et la capacité de calcul, le théâtre des actions d'un astronome, les qualités d'esprit et du corps lui étant nécessaires. Il termine en disant :

> [...] avant tout l'astronome doit posséder une grande curiosité, la plus noble des curiosités : celle qui a pour

objet la recherche de la vérité qui concerne des objets aussi lointains que les astres[5].

Ce trait, la curiosité, est le moteur de n'importe quelle vie intellectuelle. Je rappellerai que Albert Einstein disait ainsi de lui-même : *je n'ai pas de talents particuliers, je suis seulement passionnément curieux.*

Pour Socrate (ses paroles sont rapportées dans les *Dialogues* de Platon) la science n'a pas pour fin d'établir ce qui est bon ou juste, mais de dire *les choses comme elles sont (Cratyle). Vrai est le discours qui dit les choses comme elles sont, faux celui qui dit les choses comme elle ne sont pas.* Ou comme nous voudrions qu'elles soient. Socrate définit *le consensus entre les esprits* (omologhia) comme unique critère de vérité possible.

Dans le *Gorgias,* Platon fait dialoguer Socrate avec Calliclès et dans ce dialogue Socrate soutient que pour jauger une âme il fut trois conditions requises essentielles : l'intérêt pour la science (*espisteme*), la bienveillance réciproque (*eunoia*), l'intention de ne pas tromper (*parresia*). Dans les paroles de Socrate nous trouvons donc certaines caractéristiques du rapport entre « scientifiques » (qui recherche la vérité) qui pourraient déjà être considérées comme des « dispositions », traits de personnalité que Socrate caractérise comme « essentiels » pour la recherche de la connaissance : *l'intérêt pour la connaissance, la bienveillance réciproque, l'intention de ne pas tromper.*

L'étude des traits de la personnalité à travers l'analyse factorielle

Les progrès de l'analyse factorielle sont étroitement liés au développement des techniques statistiques, qui ont contribué à faire passer la psychologie de discipline essentiellement spéculative à une discipline empirique, donc capable de fournir des prévisions.

L'analyse factorielle est une technique (d'attribution) multivariée. C'est une des techniques statistiques les plus

---

[5] Cf. G. Boccardi (1926), p. 404

répandues au monde. Elle a pour objectif d'attribuer à l'action d'une ou plusieurs variables latentes les corrélations relevées entre un certain nombre de variables manifestes.

Dans la psychologie de la personnalité, l'emploi de l'analyse factorielle[6] a permis de relier les notions de *trait, dispositions* et *types* à des indicateurs objectifs, de représenter leurs rapports en termes quantitatifs. On aboutit donc à la construction de véritables théories de la personnalité sur la base de données fournies par l'expérience.

Ce fut Charles Spearman, inventeur de l'analyse factorielle, qui proposa le premier l'existence du facteur « Intelligence ». Il appela G la capacité de *raisonner et de déduire en termes de corrélation.* G aide à exécuter virtuellement un objectif mental et correspond à la capacité d'abstraire l'essentiel de stimuli complexes, d'extrapoler des orientations, de déterminer les similitudes et les différences. Il y a encore de nombreux psychologues s'occupant encore de l'étude du facteur G et qui construisent des tests d'intelligence de manière traditionnelle, mais beaucoup d'autres ont largement étendu le concept d'intelligence. Le premier psychologue a avoir parlé d'intelligences multiples fut l'américain Howard Gardner dans le texte *Frames of mind* en 1983. Selon Gardner toute personne est dotée d'au moins sept intelligences[7].

---

[6] Cf. C. Spearman (1904), p. 201-292.

[7] Les intelligences proposées par Gardner sont : l'Intelligence logico-mathématique, l'Intelligence linguistique, l'Intelligence spatiale, l'Intelligence musicale, l'Intelligence kynesthétique ou procédurale, l'Intelligence interpersonnelle, l'Intelligence intrapersonnelle ; cf. H. Gardner (1993), pp. 71-276.

James McKeen Cattell

James McKeen Cattell, Hans Jürgen Eysenck, Joy Paul Guilford et Andrew Comrey sont les auteurs qui ont le plus soutenu le point de vue factoriel dans l'étude de la personnalité et ont abouti à des conclusions similaires sous plusieurs aspects. Mais tandis que Eysenck, Guilford et Comrey font usage d'une analyse factorielle basée sur l'indépendance des facteurs, Cattell renonce à une telle hypothèse et arrive à des facteurs qui partagent des éléments communs. Cattell représente un point de référence fondamental dans toute l'histoire des tests, principalement de personnalité.

Il est considéré comme étant le premier auteur (1890) à avoir défini, avec l'expression Mental Test, les tests qu'il avait crées pour étudier les différences entre les individus entre les sujets qu'il examinait. Son travail influença de manière explicite la *Personal Data Sheet* (Fiche personnelle) de Robert Sessions Woodworth (1919), considérée comme étant le premier inventaire de personnalité dans le domaine de la Nouvelle Psychologie scientifique ainsi nommée à la fin du

19e siècle. Lorsque le psychologue anglais Raymond Bernard Cattell décide de passer en revue la recherche sur la personnalité, il conclut que la méthode d'analyse factorielle jusqu'alors utilisée est trop grossière pour fournir une idée utile et intéressante des traits de la personnalité. Il propose d'abord un test basé sur une analyse factorielle de douze facteurs (1944). Ensuite il en arrive à l'idée que les facteurs principaux de la personnalité sont en réalité au nombre de seize (1949). Évidemment la détermination des traits essentiels n'est pas un problème facile à résoudre et surtout les solutions ne sont pas définies en mode univoque comme elles le sont, par contre dans beaucoup de problèmes des sciences exactes.

Chez les factorialistes, l'étude de la personnalité est donc étroitement liée à la construction des éléments pour la mesurer, qui sont surtout des questionnaires d'autoévaluation. Le système le plus connu de description de la personnalité est le Minnesota Multiphasic Personality Inventory (MMPI) développé dans les années 30 à l'Université du Minnesota. C'est un questionnaire à réponse fermée (du type vrai/faux) qui contient plus de 500 *items* (rubriques).

Un autre système très connu est le California Personality Inventory.

Ces dernières années un consensus croissant s'est dégagé autour du classement de la personnalité en termes de cinq grands facteurs, appelés Big Five. Les dénominations de ces cinq facteurs sont diverses et variées, mais il y a un accord substantiel sue les quatre premiers, au-delà des différences purement nominales, tandis que la définition du cinquième demeure problématique.

Les quatre facteurs largement partagés sont les suivants :

- *Extraversion / Introversion* (on peut rattacher à ce facteur les caractéristiques comme énergie, activité, et domination) ;

- *Agréabilité / Hostilité* (on peut y rattacher l'altruisme, la coopérativité, la gentillesse opposés à l'orgueil, l'égoïsme, la rancune) ;
- *Conscience (*au sens de consciencieux, et donc méticulosité, ordre et soin)
- *Stabilité / Instabilité émotives* (facteur que Eysenk appelle « nervosisme »)

Le cinquième facteur, appelé selon les cas *culture, intellect, ou ouverture à l'expérience* est le plus controversé, car certains ne retiennent pas opportun d'inclure dans la personnalité des aspects liés à l'intelligence ; d'autres en revanche s'ils sont prêts à inclure une telle dimension ne sont pas d'accord sur la dimension à assigner à un tel facteur.

Les tests de personnalité et l'inventaire du programme ITAPI

Il n'est pas facile d'établir ce qu'est un Test de personnalité. Laura Boncori dans son *Trattato sui Test* (1993) définit la mesure de la personnalité comme étant la mesure des structures dynamiques et non cognitives de la personnalité. Boncori relève en fait que *les variables mesurées par les Tests de personnalité sont extrêmement diversifiées et varient en fonction de la théorie à laquelle on se réfère*[8]. Elle en synthétise les cinq catégories principales :

1. Traits sociaux, donc caractéristiques qu'un individu manifeste quand il interagit avec autrui ; par exemple : timidité, domination, sincérité.

2. Motivations, besoins, tendances, tels que le besoin d'affirmation, d'agression, d'affiliation. Qui se réfèrent à un niveau de la personnalité plus interne que les traits sociaux.

3. Conceptions personnelles ou modalités par lesquelles un individu se place par rapport à la réalité : par exemple s'il considère les autres comme principalement amis ou ennemis,

---

[8] Cf. L. Boncori (1993).

s'il pense que dans la vie compte plus la chance ou l'engagement personnel, et ainsi de suite.

4. Adaptation-Inadaptation et psychopathologies. Les instruments concernant les psychopathologies se réfèrent à des variables qui ont changé au cours du temps avec la mutation des nosographies dominantes. Actuellement on trouve simultanément des instruments qui se réfèrent à n'importe quelle nosographie, de Kraepelin au DSM, avec de continuelles acquisitions et reformulations.

5. Dynamiques de la personnalité organisées en structures de niveau profond ou bien de complexité élevée, telles que « Moi », « Surmoi », « Soi ».

Nous pouvons calculer que le nombre de tests ou d'inventaires de la personnalité actuellement en circulation est supérieur à 10.000. Par exemple la bibliothèque du ETS (Educational Testing Service), institution privée ayant son siège à Princeton, mais opérant dans plusieurs dizaines de pays du monde, contient plus de 20.000 tests.

Dans les pays de langue anglaise (mais en Italie aussi on tend à imiter ces pratiques) les tests sont généralement développés en liaison avec des intérêts économiques, parfois très importants.

Les plus fameux sont :

- IPIP : International Personality Item Pool ;
- MMPI : Minnesota Multiphasic Personality Inventory ;
- CPI : California Psychological Inventory ;
- 16PF : Sixteen Personality Factors ;
- Rorschach : Test des taches d'encre.

J'ai utilisé le questionnaire ITAPI-G pour mon étude de la personnalité des scientifiques. Pour sa construction a été constitué un pool d'items qui sont largement représentatifs de ce qui est apparu dans la tradition de la recherche scientifique du point de vue de la psychologie de la personnalité, ou bien relative aux types et traits psychologiques. Il en est dérivé ainsi une liste de *Traits-Sens-Facteurs* qui représente un échantillon hautement représentatif de ce que les psychologues étudient et considèrent important, au niveau international, en termes de psychologie de la personnalité.

Un aspect important, sur lequel il semble qu'il existe une confusion, est dans le fait que la grande partie des sens-traits-facteurs utilisés dans la recherche sur la personnalité a en effet un caractère essentiellement bipolaire mais est parfois présenté comme unipolaire. Cela peut produire un effet de confusion, car il peut arriver que le même facteur se présente de fait sous la forme de deux traits divers.

Le concept lui-même de trait-facteur unipolaire ou bipolaire est l'objet de longues controverses. Un exemple à ce sujet, le cas du trait de masculinité-féminité. Dans la littérature on trouve ceux qui le considèrent bipolaire, au sens que la masculinité serait, en substance, complémentaire ou inverse de la féminité, et ceux qui par contre le considèrent comme la somme de deux traits unipolaires, au sens que tant la féminité que la masculinité seraient des traits autonomes, chacun des deux pouvant être présent à des degrés divers dans chaque sujet, ou bien même absent. Il est évident que le choix d'une de ces deux voies est surtout une question idéologique plus que statistique[9].

Le nombre d'items que l'analyse factorielle a mis en évidence comme étant particulièrement adapté pour décrire statistiquement les données recueillies avec ITAPI-G est de sept.

ITAPI-G emploie 105 items pour décrire un profil individuel basé sur sept sens-trait-facteurs.

Les traits de la personnalité que l'inventaire ITAPI-G se propose de déterminer sont les suivants :

- le trait-facteur 1 : DYNAMISME ;
- le trait-facteur 2 : VULNÉRABILITÉ ;
- le trait-facteur 3 : EMPATHIE ;
- le trait-facteur 4 : MINUTIE ;
- le trait-facteur 5 : IMAGINATION ;

---

[9] Cf. F. Perussia (1997), pp. 99-116.

- le trait-facteur 6 : DÉFENSIVITÉ ;
- le trait-facteur 7 : INTROVERSION.

Si maintenant nous revenons aux traits déterminés par Socrate comme nécessaires pour faire un « discours vrai », donc scientifique et à la curiosité définie par Boccardi comme indispensable à la recherche, comment pouvons-nous les rapprocher des traits du questionnaire ITAPI ?

Socrate retient : l'intérêt pour la connaissance, la bienveillance réciproque, l'intention de ne pas tromper.

Nous pourrions rapprocher une défensivité faible dans l'ITAPI avec l'intention de ne pas tromper et l'empathie de l'ITAPI à la bienveillance réciproque de Socrate. Dans l'intérêt pour la connaissance socratique nous pourrions inclure également la curiosité dont parle le père Boccardi. Il est toutefois difficile de trouver quelque chose d'analogue à « l'intérêt pour la connaissance » dans les traits de l'ITAPI. Peut-être l'imagination serait le trait le plus proche, mais avec des caractères bien plus émotionnels.

Avant de présenter les résultats de mon analyse statistique, obtenus en utilisant le questionnaire, je ferai un bref historique des résultats obtenus depuis les années cinquante du siècle dernier dans l'étude de la personnalité des scientifiques.

Les premières enquêtes de Cattell et Roe sur la personnalité des scientifiques

Au début des années cinquante sont apparues les premières études destinées à identifier les caractéristiques de personnalité des groupes de scientifiques.

Anne Roe (1904-1991) a recueilli des échantillons de chercheurs en biologie, anthropologie, psychologie et physique, les analysant séparément avec des tests appropriés et confrontant ensuite les résultats des divers groupes. Je me focaliserai surtout dans ce chapitre sur les résultats obtenus dans le groupe des physiciens et des biologistes.

Anne Roe se sert d'un test verbal-spatial-mathématique (VSM) ; le test verbal contenait 79 items divisés en deux sections où il fallait dans chacune d'elles sélectionner des termes contraires. Le test spatial comprenait 24 items de stimuli à sélectionner : images vues de deux points de vue différents. Le test mathématique comprenait 39 items de raisonnement mathématique.

Ce dernier test se révéla ne pas être assez difficile pour les physiciens, qui ne montrèrent pas de différences significatives à l'intérieur de leur groupe. On trouva en revanche une différence significative entre les physiciens théoriques et ceux expérimentaux dans le test verbal (les théoriques obtenant des résultats plus élevés). Une différence plus légère, toujours en faveur des théoriques fut rencontrée également dans le test spatial.

Anne Roe

Le même groupe de chercheurs dût ensuite passer un test d'aperception thématique.

Il s'agit d'un test projectif qui consiste en un lot d'images, pour lesquelles le sujet doit inventer une histoire qui contient les événements ayant amené l'image en question, les sentiments éprouvés par les personnes sur les images et les développements ultérieurs de l'histoire.

Les résultats indiquent que les biologistes omettent l'histoire passée plus souvent que ne le font les physiciens et sont plus restrictifs pour indiquer les développements futurs de l'histoire elle-même. Les biologistes et les physiciens sont tous deux moins intéressés aux relations interpersonnelles que les chercheurs en sciences sociales. Les biologistes sont plus retenus dans l'expression de l'agressivité par rapport aux autres groupes de scientifiques.

L'attitude manifestée par les physiciens par rapport aux relations familiales est assez inhabituelle. L'aspect le plus marquant de cette attitude est l'indépendance par rapport aux parents, sans être accompagnée de conflits avec eux. On note aussi une certaine indépendance vis-à-vis des autres relations personnelles. En particulier on remarque une tendance à échapper aux situations trop émotives, y compris dans le domaine de la sexualité.

Les physiciens semblent en outre montrer une moralité assez conventionnelle, plutôt qu'une indépendance de pensée au point de vue moral.

Un nombre important d'entre eux montre une attitude, passive, qui recouvre souvent un instinct de rébellion non exprimé. Dans le même temps est aussi présente une agressivité « libérée ». Ici Anne Roe signale une caractéristique intéressante : dans la majorité des cas où on trouve une manifestation d'agression, elle est liée à un passé plutôt lointain et en général l'agresseur en souffre fortement.

En général les histoires racontées par les physiciens sont plus longues que celles des biologistes. Elles ont un caractère plus narratif, alors que celles des biologistes sont plus descriptives. Les physiciens sont plus enclins à des explications « concrètes » que ne le sont les biologistes et plus intéressés aux pensées et aux sentiments des protagonistes.

De la tonalité affective des récits il apparaît que pour les physiciens il est plus facile d'accepter les difficultés de la vie et qu'ils dominent plus facilement l'anxiété que les biologistes. Comme nous l'avons déjà signalé, les physiciens expriment plus facilement leur agressivité.

En général tant biologistes que physiciens montrent un faible besoin de relations personnelles. Il y a pourtant une différence notable dans un type particulier de relation : celle avec ses enfants. Les biologistes sont plus préoccupés par leurs enfants. Pour cette caractéristique intervient aussi un facteur relatif à l'age : les enfants des biologistes de l'échantillon sélectionné par Roe sont en majorité adolescents et posent donc plus de problèmes.

Enfin on soumit ce même échantillon de scientifiques au test de Rorschach, test dans lequel, comme chacun sait, on demande de décrire ce que suggère la vision de « taches d'encre » de formes variées.

Dans ces descriptions apparurent des différences entre les groupes dans l'utilisation plus importante des catégories scientifiques, anatomie animale chez les biologistes, arts et symboles chez les physiciens, alors que les catégories liées à l'habillement et la nourriture étaient majoritairement utilisées par les chercheurs en sciences sociales.

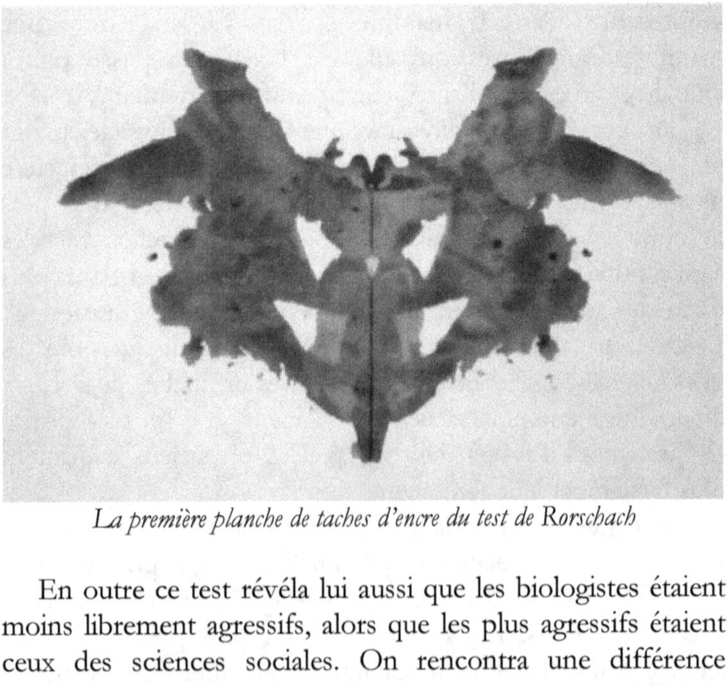

La première planche de taches d'encre du test de Rorschach

En outre ce test révéla lui aussi que les biologistes étaient moins librement agressifs, alors que les plus agressifs étaient ceux des sciences sociales. On rencontra une différence notable dans le contrôle de l'anxiété entre les biologistes (moins contrôlés) et les physiciens.

Les protocoles élaborés pour les chercheurs en physique théorique mirent en évidence chez eux une intelligence élevée et une très grande quantité d'énergie intellectuelle et émotionnelle. Ils apparurent traiter les choses au moyen d'« essais » plutôt que d'une manière rigoureuse et logique. Toutefois cette approche ne semblait pas leur poser de problèmes mais plutôt être un élément de leur pensée créative. L'approche par « essais » et non rigoureuse avec laquelle les chercheurs en physique théorique affrontent les problèmes nous fait revenir au *moi subliminal* qui travaille en l'absence de discipline, suggéré par Poincaré à la fin du 19e siècle.

Biologistes et physiciens montrèrent une plus grande indépendance vis-à-vis des liens parentaux que les chercheurs en sciences sociales, ceux-ci révélant par contre un certain degré de ressentiment et de rébellion envers la famille. Selon Roe il est probable que ce trait ait eu un poids décisif dans leur choix de s'engager dans ce type de recherche. D'après elle un conflit non résolu dans les relations avec les parents, pouvant facilement se transformer en intérêt pour les relations interpersonnelles (et donc vers les sciences sociales).

Roe suggéra que le problème de devoir affronter une perte affective précoce pouvait avoir un rôle dans le choix directeur de ses études. Certains scientifiques, par exemple ceux en physique expérimentale, apparurent avoir organisé très tôt des relations directes et privilégiées avec les objets plutôt qu'avec les personnes et donc ne recherchaient pas de fonctions compensatrices dans ce type de relations. En revanche pour d'autres, une anxiété généralisée ou l'exacerbation d'une anxiété normale (qui semblait être un trait des biologistes) pourrait être diminuée par la concentration sur un champ d'études particulier.

Autre résultat assez important de l'étude de Anne Roe : la différence rencontrée dans l'imagination des différents échantillons de chercheurs. Biologistes et physiciens expérimentaux dépendaient fortement de l'imagination visuelle dans leur pensée, alors que physiciens théoriques et gens des sciences sociales dépendaient majoritairement de la verbalisation ou de la symbolisation. Anne Roe fit l'hypothèse que ces divers modes de pensée se soient constitués dès l'enfance et aient joué un rôle dans le choix des études. Il a déjà été noté que la verbalisation et l'intérêt pour les personnes sont liés et que ce lien est accompagné également par la différence des genres (les femmes étant meilleures que les hommes lors des tests de verbalisation).

En confrontant la récolte minutieuse des histoires de la vie des scientifiques de l'échantillon[10] avec les traits ressortant des tests, Anne Roe déduisit que les physiciens se distinguaient par le manque de sentiment de culpabilité dans les relations interpersonnelles. En outre, elle avança l'hypothèse que l'identification avec le père avait été plus facile dans le groupe de physiciens que dans celui des biologistes et que cela s'était traduit par le choix d'une profession avec des caractères plus masculins que celles liées à l'étude de la biologie.

R. B. Cattell, lui, au lieu d'utiliser Rorschach et TAT, élabora son propre test qui mesure quinze facteurs de la personnalité. Chaque facteur était basé sur dix ou treize items.

La liste des facteurs établie par Cattell s'établit comme suit (en anglais) :

-A Cyclothymia vs schyzotymia
-B Intelligence
-C Stability
-E Dominance
-F Surgery
-G Super- ego, group standards
-H Adventurous Cyclothymia
-I Sensitive emotionality
-L Paranoia
-M Bohemianism

10 Cf. A. Roe (1952)

-O Free floating anxiety
-Q1 Radicalism
-Q2 Self -sufficiency
-Q3 Super-ego, will control
-Q4 Psychosomatic anxiety

Le test de Cattell fut soumis à un échantillon de scientifiques provenant de trois domaines : sciences physiques, biologiques et psychologiques. Dans chaque domaine fut choisi un échantillon d'environ 200 individus.

De la comparaison avec le reste de la population il apparaît que les scientifiques avaient un résultat plus élevé en intelligence, radicalité, autosuffisance, sensibilité émotive et trend paranoïaque.

À l'intérieur de l'échantillon on fit une comparaison entre les sous ensembles d'individus qui étaient plus impliqués dans l'enseignement ou les tâches administratives et ceux dans la recherche active.

Il en résulta que, par rapport aux enseignants et aux administratifs, les chercheurs apparurent plus schizothymiques, autosuffisants, bohèmes, émotionnel-lement instables, radicaux. En outre émergea une certaine différence entre les diverses sciences : les biologistes avaient des personnalités moins dominantes.

Avant cette étude faite au moyen de questionnaires, Cattell avait formulé des hypothèses sur les personnalités en lisant les biographies d'une centaine d'éminents chercheurs anglais et américains. D'après Cattell ces biographies suggéraient que les chercheurs devaient être plus schizothymiques, intelligents, dominants, paranoïaque, autosuffisants et avec un surmoi plus développé que la moyenne pour un professionnalisme et un niveau d'études similaires.

Cattell put relier facilement la schizothymie avec la facilité de se concentrer sélectivement sur les objets et les idées, l'autosuffisance avec la créativité et l'indépendance d'esprit, l'instabilité émotive avec les déstructurations et restructurations radicales liées à la créativité. Toutes ces caractéristiques sont vitales pour une bonne performance dans la recherche, quand elles seraient probablement inadaptées chez un homme d'affaires ou désagréables chez un administrateur.

Résultats de l'analyse statistique sur notre échantillon de sujets

Notre questionnaire fut soumis lors de visites dans des instituts de recherche italiens tels que la SISSA (Scuola Internazionale Superiore di Studi Avanzati) de Trieste, l'Observatoire Astronomique de Trieste, l'Observatoire Astronomique de Padoue, l'Observatoire Astronomique de Turin, l'Institut de Physique de Turin, l'Observatoire Astronomique de Rome.

En outre dans l'échantillon on trouve un groupe important (31%) de chercheurs de nationalités diverses (non Italiens). Le questionnaire leur fut soumis durant des congrès internationaux ou transmis par poste électronique.

Les personnes de l'échantillon s'occupent surtout de recherche dans le domaine de l'astrophysique, théorique ou expérimentale. Il y a malgré tout un petit pourcentage de physiciens théoriciens, mathématiciens et informaticiens. Le sous échantillon des « non astrophysiciens » est d'environ 20 %.

L'âge moyen est de 41,4 ans.

J'ai fait en sorte que les femmes soient correctement représentées dans l'échantillon, et en effet elles y occupent un pourcentage de 40 %, une donnée qui ne correspond pas à la réalité du pourcentage de femmes dans les instituts de recherche scientifique, malheureusement bien plus faible.

60 % des individus de l'échantillon sont mariés, 35 % sont célibataires, le pourcentage de divorcés étant faible (5%).

Les personnes qui ont participé sont toutes dans la recherche active depuis de nombreuses années. Quatre-vingts pour cent d'entre eux ont un poste stable dans l'institut où ils travaillent. Certains éléments plus jeunes sont en phase de post doctorat, et travaillent comme visiteurs dans des instituts différents de celui où ils ont obtenu leur PhD. Tous travaillent à temps plein, mais on peut imaginer deux sous groupes différents : ceux qui ont également des postes d'enseignant, et ceux qui font exclusivement de la recherche.

Venons en maintenant aux résultats de notre étude.

Trait	Adultes Tous	**Scientifiques Tous**	Adultes Femmes	**Scientifiques Femmes**	Adultes Hommes	**Scientifiques Hommes**
T1-Dynamisme	40,46	**40,15**	39,9	**41,36**	41,3	**39,34**
T2 - Vulnérabilité	33,13	**33,98**	34,5	**34,34**	31,3	**33,70**
T3-Empathie	45,31	**44,21**	46,0	**44,70**	44,4	**43,82**
T4-Minutie	42,8	**41,62**	42,7	**41,64**	43,0	**41,54**
T5-Imagination	42,25	**40,29**	43,4	**39,71**	40,7	**40,64**
T6-Défensivité	42,62	**37,31**	42,3	**36,73**	43,0	**37,62**
T7-Introversion	38,39	**38,24**	37,9	**38,56**	39,1	**38,04**

Tableau 1- Les traits de la personnalité des scientifiques

En regroupant les items du questionnaire pour chaque trait et en additionnant les résultats on obtient le Tableau 1. Dans celui-ci on voit que l'échantillon des scientifiques apparaît dans son ensemble, par rapport aux résultats moyens qui définissent la norme de la population adulte (Perussia, 2005), dans la moyenne du point de vue de l'introversion (-0,15), un peu moins dynamiques (-0,31), plus vulnérables, ou plus anxieux (+0,85), moins empathiques (-1,10), minutieux (-1,18) et imaginatifs (-1,96). La différence plus nette par rapport à la moyenne de la population adulte se trouve dans la présence drastiquement plus faible de défensivité (-5,31).

On remarque toutefois certaines différences significatives entre les scientifiques hommes et les scientifiques femmes si on les confronte aux moyennes respectives des profils relevés dans la population adulte masculine et féminine.

On découvre en fait que les scientifiques femmes sont clairement plus dynamiques (+1,46) et moins vulnérables (-0,16) par rapport à la moyenne de la population féminine, mais aussi plus introverties (+0,66). À l'inverse les scientifiques hommes sont indubitablement plus vulnérables, ou craintifs (+2,40) que le reste de la population masculine, bien moins dynamiques (-1,96) mais dans la moyenne pour la créativité (-0.06) et moins introvertis (-1,06).

Ce profil est rendu encore plus évident par l'analyse des résultats de ITAPI-G dans laquelle l'échantillon des scientifiques s'écarte majoritairement de la moyenne de la population adulte, comme on le verra dans le Tableau 2.

Considérations finales

Il faut bien se rendre compte du risque qu'il y a à simplifier le concept de scientifique et de recherche à l'intérieur d'une communauté. Au jour d'aujourd'hui nous devrons peut-être différencier les traits caractéristiques de qui se trouve dans l'establishment scientifique ou en dehors, ou bien de ce qu'on appelle *big science.* Par exemple, l'image du scientifique libre penseur est elle encore valable ? Et à quel point les caractéristiques d'autosuffisance et d'indépendance d'esprit qu'avait identifiées Cattell dans les années cinquante dans ses premières études factorielles appliquées aux scientifiques sont-elles encore valables ou importantes dans le succès scientifique. Peut-on encore dire aujourd'hui qu'une personnalité indépendante fasse de la bonne science dans le sens de science fonctionnelle dans le système ? Depuis que la science est une grande entreprise économique ce n'est plus le cas. En outre, même dans la réalité académique qu'on voit proliférer, la situation est bien diverse[1].

---

[1] On verra par exemple l'essai mordant de L. Smolin, *The Trouble with Physics : The Rise of String Theory, the Fall of a Science, and What Comes Next*, Houghton Mifflin Harcourt, Boston, 2006.

	Total de la population adulte	Scientifiques	Scientifiques -Total (% sur total)
Les 10 items majoritairement en positif			
65 J'ai toujours peur qu'arrive le pire	21,2	82,1	60,9
8 J'aime trouver toujours de nouvelles idées et avoir de nouveaux projets	45,6	88,4	42,8
23 Il y a beaucoup de choses qui m'inquiètent	22,9	59,8	36,9
42 Je contrôle bien mes instincts	29,6	63,4	33,8
47 Quand je pense à quelqu'un me viennent immédiatement les sensations qu'il me donne	39,3	67,9	28,6
49 Je suis quelqu'un de tranquille	30,9	57,7	26,8
58 J'ai souvent peur de me tromper dans mon travail	28,9	54,5	25,6
63 Je réfléchis toujours attentivement avant d'agir	24,7	49,5	24,8
36 Je m'intéresse toujours à un tas de choses	60,1	84,7	24,6

51 Parfois j'ai l'impression que les gens m'en veulent	49,0	72,3	23,3
Les 10 items majoritairement en négatif			
83 Il n'y a qu'une vérité	86,6	30,6	-56,0
68 Je suis capable de ressentir les émotions des autres	83,2	28,6	-54,6
13 La première chose à apprendre aux enfants c'est la discipline	78,8	29,5	-49,3
64 Je sais me faire valoir	77,6	28,6	-49
69 Je me fie peu aux autres	79,0	36,6	-42,4
50 Je parle facilement aux gens, même à ceux que je ne connais pas	64,1	24,1	-40,0
44 Dans la vie je m'attends à ce que les choses aillent mal	64,0	25,9	-38,1
77 Il est difficile de se faire des amis	71,2	34,8	-36,4
91 Généralement je tiens les autres à distance	58,0	24,1	-33,9
34 Beaucoup de gens sont envieux	90,0	59,1	-30,9

Tableau 2 – Les items les plus partagés et les moins partagés par les scientifiques

Aujourd'hui, dans la plupart des cas, pour avoir du succès, un scientifique doit être intégré dans un grand projet ou suivre respectueusement l'école de pensée dominante.

Les scientifiques de notre échantillon révèlent un degré d'anxiété fortement supérieur à la moyenne de la population (l'anxiété est un trait que Roe avait déjà souligné dans ses travaux) et apparaissent moins déprimés. Ce qui pourrait être lié à une désadaptation sociale modérée en rapport avec la réflexion intellectuelle et le travail en laboratoire.

On peut difficilement expliquer la faible méticulosité des chercheurs. On s'attendrait plutôt à trouver chez celui qui travaille dans les sciences exactes une disposition à la précision, à la méthode, une attention pour les détails qui devrait se traduire par un grand degré de méticulosité.

Une interprétation possible de ce trait inattendu est que probablement il y a chez les chercheurs en sciences exactes une demande de méticulosité faite à soi-même si élevée qu'elle se traduit par une dure autocritique dans les réponses aux items concernant ce sujet.

Une autre explication possible pouvant être par contre la proverbiale distraction et le quasi-désordre qui semblent caractériser la vie quotidienne de nombreux scientifiques, au moins d'après un stéréotype littéraire, que nombre d'entre eux semblent toutefois partager.

Si nous nous référons de nouveau à Socrate, nous voyons que sa demande de « bienveillance réciproque », dans le cas où on la traduirait par empathie, ne semblerait pas satisfaite par les scientifiques examinés. Par contre, pour ce qui regarde « l'intention de ne pas tromper », autre caractéristique définie par Socrate, nous voyons que la traduction par « faible défensivité » correspond à un trait effectivement relevé dans notre échantillon. Les scientifiques se fient donc aux autres et imposer leurs propres raisons n'est pas ce qui compte le plus dans leurs discussions.

En définitive, selon notre enquête il semble que la recherche de la « vérité scientifique » porte à une attitude plus

« désarmée » dans la dialectique avec l'autre, à une plus grande vulnérabilité émotive et à une demande très forte de méticulosité dans le travail.

La donnée négative sur l'empathie semble par contre correspondre au résultat déjà obtenu par Roe selon lequel, tant biologistes que physiciens sont nettement moins intéressés par les relations interpersonnelles que, par exemple, les chercheurs en sciences sociales.

En outre cela tendrait à confirmer une récente étude de Simon Baron-Cohen[2] et d'autres, qui suggère une possibilité d'interférence entre la capacité d'empathie et celle de systématisation.

L'empathie nous fait comprendre les idées et les émotions des personnes capables d'action, et donc de pressentir ce qu'éprouve l'autre et de faire des hypothèses sur son comportement présent et futur.

La capacité de systématisation, elle, est la capacité à analyser des systèmes inanimés et de prévoir leur « comportement » non agentif. Ces prévisions ne sont donc pas basées sur la compréhension d'états mentaux, mais sur la connaissance de règles et structures sous-jacentes à de tels systèmes. Pour le dire d'une façon rapide, la systématisation est la capacité d'analyser les relations d'input-output.

Il semble qu'une capacité élevée de systématisation (qualité typique des scientifiques) soit souvent associée à un déficit d'empathie.

Rappelons-nous que Roe elle-même supposait que les physiciens expérimentaux entretenaient dès leur enfance des relations directes et privilégiées avec les objets plutôt qu'avec les personnes.

Le déficit d'empathie atteint son degré le plus élevé dans les syndromes de l'autisme.

---

[2] Cf. S. Baron-Cohen. e*t autres* (2007).

L'autisme atteint des personnes privées d'empathie mais étant souvent surdouées dans les sciences exactes.

Simon Baron-Cohen. Reproduction avec l'autorisation de Autism Research Centre (ARC), Department of Developmental Psychiatry, University of Cambridge

Baron-Cohen donne une interprétation convaincante de cette interférence : le mécanisme de systématisation requiert de l'exactitude et une grande quantité de détails. Si on demandait une systématisation extrême à une personne, elle ne serait pas capable de répondre à des questions ayant beaucoup de réponses possibles (qui sont habituelles dans les rapports humains)

Donc l'excès de détails peut être un obstacle à une bonne communication.

De cette considération on peut déduire l'existence possible d'une corrélation entre un déficit d'empathie (difficulté à comprendre de quoi a besoin ou ce que veut savoir l'autre : questions qui n'ont pas de réponses très détaillées ou précises et qui peuvent avoir plus d'une réponse) et une systématisation élevée (qui demande une exactitude extrême).

L'hypothèse de Baron-Cohen est fascinante, mais comme beaucoup de théories sur la pensée elle comporte le risque d'une simplification excessive. Cette simplification apparaissant surtout dans ses suggestions sur la supposée non-affectivité des scientifiques (il s'avance même à évaluer les comportements de Einstein et de Newton, en y entrevoyant des traits d'autisme).

On pourrait y craindre ici aussi une reformulation implicite des « deux cultures » fondée cette fois sur des bases physiologiques. L'affaire est en réalité plus complexe.

Il peut être bon de déterminer des compétences dissociées comme l'empathie et la systématisation, mais on ne peut pas déterminer les formes mentales d'un scientifique simplement à partir de sa grande aptitude à la systématisation.

À partir de la *bienveillance réciproque* invoquée par Socrate comme fondement de la recherche de la vérité et qui peut être étiquetée « empathie » de manière moderne, jusqu'à *l'état affectif* de Théodule Ribot que j'ai cité dans le premier chapitre, j'entrevois dans le processus de la connaissance (qu'elle soit découverte. scientifique ou intuition artistique) beaucoup plus que la capacité d'analyser input/output.

Le *deviner* auquel fait allusion Poincaré quand il parle du moi subliminal de celui qui « invente » dans les sciences exactes, est une parole antique qui tire son origine de la communication avec les divinités, et qui donc nous rend plus proches des dieux que des machines.

Einstein se définissait comme « passionnément curieux », mais cette passion qui accompagne la curiosité de comprendre les structures de la nature n'est pas d'une nature diverse de celle qui nous rend amoureux d'une personne et qui nous met en syntonie empathique avec elle.

Et, pour finir, la créativité, dans l'art comme dans la science, doit produire aujourd'hui un humanisme moderne de la connaissance où l'art et la science ne s'opposent pas, car, bien que travaillant de façon différente, ils émanent des mêmes intuitions.

Comme un chef d'œuvre artistique est aussi l'expression de la liberté à l'intérieur de règles structurelles, la passion qui est enfermée dans la dure écorce d'un article scientifique doit être reconnue. La connaissance ne doit pas être séparée de l'émotion[3].

Comme l'écrivait Albert Einstein :

> L'homme cherche de produire pour lui-même, de la façon qui lui correspond le plus, un dessin simple et compréhensible du monde ; de plus il cherche à substituer son monde à celui de l'expérience sensible, et donc de le dépasser. C'est ce que font le poète, le philosophe et le scientifique, chacun à sa manière[4]

---

[3] Cf J.P. Luminet in *The rôle of Astronomy in Society and Culture*,Cambridge University Press, 2011, p.248.

[4] Cf. A. Einstein, *Ideas and Opinions,* Crown Publishers Inc., New York, 1954, p. 232, trad. de l'auteur

Bibliographie

ALLPORT, G. W. (1937). Personality: A Psychological Interpretation, Henry Holt and Co., New York.
ATMANSPACHER, H. & H. PRIMAS. (2009). *Recasting Reality: Wolfgang Pauli's Philosophical Ideas and Contemporary Science,* Springer-Verlag, Berlin-Heidelberg.
BARON -COHEN, S., S. WHEELWRIGHT, J. LAWSON , R. GRIFFIN & J. HILL . (2007). *The exact mind: Empathising and systemizing in autism spectrum conditions*, in: «Handbook of cognitive development», chap. 22, par U. Goswami, Blackwell, Oxford.
BION, W. R. (2009a) *Esperienze nei gruppi e altri saggi* (1° ed. 1971), Armando, Roma.
———. (2009b). *Apprendere dall'esperienza* (1° ed. 1972), Armando, Roma.
———. (2010). *Attenzione e interpretazione* (1° ed. 1973), Armando, Roma.
———. (1981). *Il cambiamento catastrofico*, Torino, Loescher.
———. (1985) *Seminari italiani*, Borla, Roma.
———. (2001) *Trasformazioni. Il passaggio dall'apprendimento alla crescita,* Armando, Roma.
BLANDINO, G. (1996). *Le capacità relazionali*, UTET, Torino.
BOCCARDI, G. (1926). *La psychologie d'un Astronome*, «Revue Générale des Sciences Pures et appliquées», XXXVII, n. 17-18, pp. 494-500.
BONCORI, L. (1993). *Teorie e tecniche dei Test*, Bollati Boringhieri, Torino.
BRIA, P. (2000). *L'essere antinomico, l'inconscio come insiemi infiniti venti anni dopo*, in «Inconscio come insiemi infiniti di I. Matte Blanco», Einaudi, Torino.
BRUNER, J. S. & Postman, L. (1949). *On the Perception of Incongruity: A Paradigm*, «Journal of Personality», vol. 18, pp. 206-223.
BRUNER, J. (2001). *La cultura dell'educazione*, Feltrinelli, Milano.

BUNGE, M. (1979). *Causality and Modern Science*, Dover Publications, New York.

CAMAIONI, L. (1995). *La teoria della mente: origini, sviluppo e patologia*, Laterza Roma-Bari.

CAROTENUTO, A. (2001). *Attraversare la vita*, Bompiani, Milano.

CATTEL, R. B. (1946). *The Description and Measurement of Personality*, Harcourt Brace, New York.

———. (1951). *A Factorization of Tests of Personality Source Traits*, «Journal of the British Psychological Society», 4, 3, pp. 165-178.

CATTEL , R. B. & J. E. DREVDHAL . (1955). *A comparison of the personality profile (16 P. F.) of eminent researchers with that of eminent teachers and administrators, and of the general population,* «Journal of the British Psychological Society», vol. 46, pp. 248-261.

COMREY, A. (1970). *EITS Manual for the Comrey Personality Scale*, Educational and Industrial Testing Service, San Diego.

CURIR, A. (2005). *Bion e Kuhn: interpretazione della rivoluzione scientifica come rottura del contenitore*, «Giornale storico di psicologia e letteratura», vol. 1, ottobre 2005.

DAMOUR T. *Les découvertes de la Physique*, Télérama, 3155, p.12, 2010

ECO, U. (2009). *La vertigine della lista*, Bompiani Milano.

EINSTEIN, A. (1954). *Ideas and opinions*, Random House, New York.

EYSENCK, H. J. & M. W. Eysenk. (1985). *Personality and individual differences: A natural science approach*, Plenum, New York.

FREUD, S. (1977). *Isteria e angoscia*, Bollati Boringhieri, Torino.

GALIMBERTI, U. (1984). *La terra senza il male: Jung dall'inconscio al simbolo,* Feltrinelli, Milano.

GALLESE, V. (2003). *The Roots of Empathy: The Shared Manifold Hypothesis and the Neural Basis of Intersubjectivity*, «Psychopathology», vol. 36, no. 4, pp. 171-180.

GARDNER, H. (1993). *Frames of Mind: Theory of Multiple Intelligences*, Basic Books, New York.

GÖDEL, K. (2006). *La prova matematica dell'esistenza di Dio*, Bollati Boringhieri, Torino.

GRINBERG, L., D. SOR & E. TABAK DE BIANCHEDI . (1993). *Introduzione al pensiero di Bion*, Raffaello Cortina, Milano.

GUIDANO, V. (2005). *Lo sviluppo del sé, «Nuovo manuale di psicoterapia cognitiva»*, B. Bara , Bollati Boringhieri, Torino.

GUILFORD, J. P. (1959). *Personality*. McGraw Hill, New York.

HAGAN, S., S. HAMEROFF , S. & TUSZYNSKI , J. (2002). *Quantum computation in brain microtubules? Decoherence and biological feasibility*, «Physical Reviews E», vol. 65, 061901.

HADAMARD, J. (1945). *The Psychology of Invention in the Mathematical Field*, Princeton University Press, Princeton, NJ.

IMBASCIATI, A. (1994). *Fondamenti psicoanalitici della psicologia clinica*, UTET, Torino.

KLEIN M. (1969). *Invidia e gratitudine*. Martinelli, Firenze

KRETSCHMER, E. (1921). *Körperbau und Charakter*, Springer, Berlin.

KUHN, T. (1969). *La struttura delle rivoluzioni scientifiche*, Einaudi, Torino. Trad. it. de *The Structure of Scientific Revolutions* (1962).

LAGRANGE, J. L. (1989). *Mécanique Analytique*, Éditions Jacques Gabay, Sceaux, France.

LIOTTI, G. (2005). *Il ruolo dell'attaccamento nella conoscenza e regolazione delle emozioni*, «Nuovo manuale di psicoterapia cognitiva», par B. Bara, Bollati Boringhieri, Torino.

MATTE BLANCO, I. (2000). *L'Inconscio come insiemi infiniti*, Einaudi, Torino.

MEOTTI, A. (1981). *Un Ipotesi di tipo Bioniano sull'origine del pensiero*, «Rivista di Psicanalisi», vol. 27, pp. 415-424.
MONEY -KYRLE, R. E. (1968). *Cognitive development*, «International Journal of Psychoanalysis», vol. 49, pp. 691-698.
ODIFREDDI, P. (2006). *Una dimostrazione divina, «La prova matematica dell'esistenza di Dio, K. Gödel»*, Bollati Boringhieri, Torino.
PAULI, W. (1994). *Writings of Physics and Philosophy*, Springer, Berlin.
———. (2006). *Psiche e Natura*, Adelphi, Milano.
PAVLOV, I. P. (1973). *Tipi generali di attività nervosa superiore negli animali e nell'uomo*, in «Psicopatologia e Psichiatria», Editori Riuniti, Roma, pp. 267-289.
PENROSE, R. (1992). *La mente nuova dell'imperatore*, Rizzoli, Milano.
———. (1996). *Ombre della mente*, Rizzoli, Milano.
PENROSE, R. & HAMEROFF, S. (2011) *Consciousness in the Universe: Neuroscience, Quantum Space-Time Geometry and Orch OR Theory*. «Journal of Cosmology», vol. 14.
PERUSSIA, F. (1997). *Identificazione dei contenuti di una scala sulla identità di genere (in Italia)* in «Materiali di psicologia sociale e della personalità», Torino, CELID, pp. 99-116.
———. (2005). *ITAPI-G Italia Personality Inventory Inventario Italiano di Personalità Manuale*, Unicopli Edizioni, Milano.
POINCARÉ, H. (1908). *Science et Méthode*, Flammarion, Paris.
———. (1908). *L'Invention Mathématique*, «Revue générale des sciences pures et appliquées», vol. 19, pp. 521-526.
POPPER, K. (1998). *Logica della scoperta scientifica*, Einaudi, Torino.
PRICE, H. (1992). *Agency and Causal Asymmetry* «Mind», vol. 101, pp. 501-520.
PRIGOGINE, I. (1979). *La nuova alleanza*, Longanesi, Milano.

PRIGOGINE, I. & I. STENGERS . (1989). *Tra il tempo e l'eternità*, Bollati Boringhieri.

PRIMAS, H. (2009). *Complemetarity of Mind and Matter*, in «Recasting Reality: Wolfgang Pauli's Philosophical Ideas and Contemporary Science», Atmanspacher, H. & H. Primas, Springer-Verlag, Berlin-Heidelberg

RIBOT, T. (1896). *La Psychologie des sentiments*, Alcan, Paris.

RIOLO, F. (1981). *Il pensiero analitico tra verità e bugia*, «Rivista di psicanalisi», vol. 27, pp. 714-726.

ROE, A. (1951). *A psychological study of physical scientists*, «Genetic Psychological Monographs», vol. 43, n.o 2, pp. 121-235.

———. (1952). *The making of a scientist*, Dodd, Mead & Company, New York.

———. (1953) *A psychological study of eminent psychologists and anthropologists, and a comparison with biological and physical scientists*, «Psychological Monographs: General and Applied», vol. 67, n.o 2, pp. 1-55.

SAMAL, M. K. (2001). *Speculations on a United Theory of Matter and Mind*, «Proceedings of the International Conference on Science, Metaphysics: A Discussion on Consciousness, Genetics», NIAS, Bangalore, India.

SEARLE, J. R. (2003). *La razionalità nell'azione*, Cortina, Milano.

SPEARMAN, C. (1904). *"General Intelligence," Objectively Determined and Measured*, «The American Journal of Psychology», vol. 15, n.o 2, pp. 201-292.

———. (1927). *The Abilities of Man*, Macmillian & Co. Ltd., London.

STERN D. N. (1987). *Il mondo interpersonale del bambino*, Bollati Boringhieri, Torino.

SYMINGTON, J. & N SYMINGTON . (1998). *Il pensiero clinico di Bion*, Raffaello Cortina, Milano.

THOM, R. (1980). *Parabole e catastrofi*, Il Saggiatore, Milano.

VARELA, F. (1992). *Un know how per l'etica*, Laterza, Roma-Bari.

VON HAYEK , F. A. (1990). *L'Ordine sensoriale. I fondamenti della psicologia teorica*, Rusconi, Milano.

VON MEYENN, K. (2009). *Pauli's phisolophical Ideas,* in «Recasting Reality: Wolfgang Pauli's Philosophical Ideas and Contemporary Science», Atmanspacher, H. & H. Primas (a cura di), Springer-Verlag, Berlin-Heidelberg

WEYL, H. (1949). *Philosophy of Mathematics and Natural Science*, Princeton University Press, Princeton, NJ.

Index des noms

L'auteure

Anna Curir est née à Turin en 1953. Diplômée en Mathématiques avec une thèse en Astronomie, elle travaille comme astronome à l'Observatoire astrophysique de Turin. Elle a fait de nombreux séjours dans le département d'Astrophysique de l'Université d'Oxford, ainsi qu'au Queen Mary College de Londres. Elle est membre de l'International Society on General Relativity, de l'International Astronomical Union et du Linacre College d'Oxford.

Ses recherches concernent les cosmologies relativistes, l'émission énergétique des trous noirs, la formation et la dynamique des galaxies, les propriétés dynamiques et chimiques de la Voie Lactée, l'histoire de l'astronomie et de la cosmologie. Elle s'occupe également de divulgation scientifique et est l'auteure d'articles pour le quotidien *La Stampa*, pour la revue *Orione* et de livres de divulgation : sur les trous noirs, *Astri collassati* (Il Castello, 1985) et sur les galaxies, *Il DNA delle galassie* (UTE libri, 2013). En 2009 elle a supervisé l'exposition *Osservar le stelle* et le catalogue correspondant (Silvana Editoriale, 2009)

Ayant toujours été intéressée par les neurosciences et la psychanalyse, elle passe en 2006 le diplôme de « Laurea Magistrale in Scienze della Mente ». Elle est inscrite à l'Ordre des psychologues du Piémont et a publié divers articles relatifs à la psychologie de la recherche scientifique dans les revues : *Giornale Storico del Centro Studi di Psicologia e Letteratura, Sapere* et *Psicologi a confronto.*

Table des matières

L'HARMATTAN ITALIA
Via Degli Artisti 15; 10124 Torino

L'HARMATTAN HONGRIE
Könyvesbolt ; Kossuth L. u. 14-16
1053 Budapest

L'HARMATTAN KINSHASA
185, avenue Nyangwe
Commune de Lingwala
Kinshasa, R.D. Congo
(00243) 998697603 ou (00243) 999229662

L'HARMATTAN CONGO
67, av. E. P. Lumumba
Bât. – Congo Pharmacie (Bib. Nat.)
BP2874 Brazzaville
harmattan.congo@yahoo.fr

L'HARMATTAN GUINÉE
Almamya Rue KA 028, en face du restaurant Le Cèdre
OKB agency BP 3470 Conakry
(00224) 60 20 85 08
harmattanguinee@yahoo.fr

L'HARMATTAN CAMEROUN
BP 11486
Face à la SNI, immeuble Don Bosco
Yaoundé
(00237) 99 76 61 66
harmattancam@yahoo.fr

L'HARMATTAN CÔTE D'IVOIRE
Résidence Karl / cité des arts
Abidjan-Cocody 03 BP 1588 Abidjan 03
(00225) 05 77 87 31
etien_nda@yahoo.fr

L'HARMATTAN MAURITANIE
Espace El Kettab du livre francophone
N° 472 avenue du Palais des Congrès
BP 316 Nouakchott
(00222) 63 25 980

L'HARMATTAN SÉNÉGAL
10 VDN en face Mermoz, après le pont de Fann
BP 45034 Dakar Fann
33 825 98 58 / 33 860 9858
senharmattan@gmail.com / senlibraire@gmail.com
www.harmattansenegal.com

L'HARMATTAN BÉNIN
ISOR-BENIN
01 BP 359 COTONOU-RP
Quartier Gbèdjromèdé,
Rue Agbélenco, Lot 1247 I
Tél : 00 229 21 32 53 79
christian_dablaka123@yahoo.fr

Achevé d'imprimer par Corlet Numérique - 14110 Condé-sur-Noireau
N° d'Imprimeur : 112421 - Dépôt légal : octobre 2014 - *Imprimé en France*